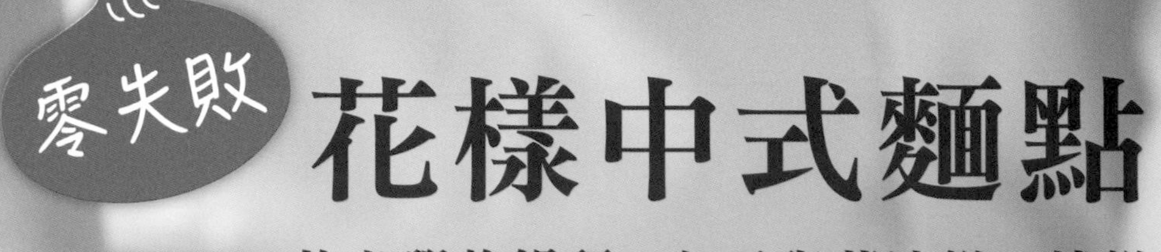

零失敗 花樣中式麵點

50款必學的饅頭、包子與蔥油餅、燒餅

饅頭花捲達人 漢克老師／著

目錄 CONTENTS

編按：目錄中標示 ⊙ 者，表示有示範影片。

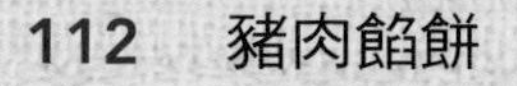
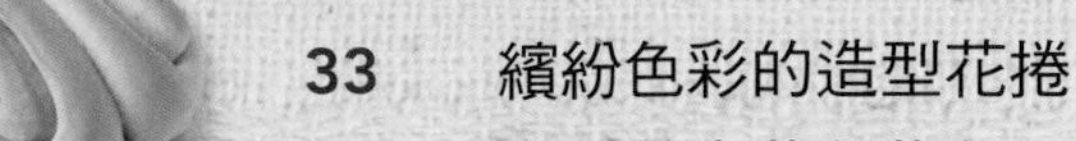

燒餅

PART 4 必學必會！ 24 款內餡大集合

漢克老師小學堂

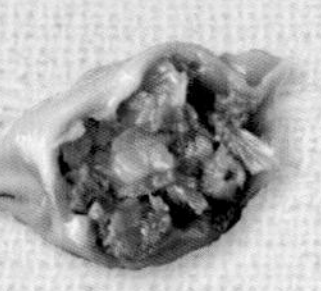

書中「示範影片」這樣看！

1 手機要下載掃「QR Code」(條碼) 的軟體。

Android 版　iphone 版

2 打開軟體，對準書中的條碼掃描。

3 就可以在手機上看到老師的示範影片了

一起來做健康無負擔的中式麵點

感謝好朋友們對於第一本《零失敗花樣饅頭花捲與包子》的喜愛，從讀者與回饋中，讓我增加不少信心，再次拾筆完成第二本。

這一次，也延續第一本，以「花樣」為主軸，創作出更多在視覺上賞心悅目，在味覺上唇齒留香，且吃起來健康無負擔的中式麵點。另外，特別增加了大家都喜歡的水調麵食，不必花太多時間和材料，只需要簡單的做法，就能快速上手，讓大家在美食上有多樣選項。像是街頭美食蔥油餅、蘿蔔絲餅，或是上班族為求便利而選擇的果腹餐食水餃、牛肉捲餅，甚或是可當餐後甜點的牛舌餅、紅豆餅等，都可以在本書中找到簡便的做法。不必再花錢到路邊攤買，自己就可以在家動手做囉！

中式麵食跟其他的麵包蛋糕一樣，都可以隨心所欲做變化，並沒有固定的材料跟一定的做法。只要多用點心思改變，讓成品的外觀千奇百怪，如萬花筒般神奇，也不是辦不到。不要被傳統思維綁住，有想法就勇敢嘗試，才能在既有的框架中創新求變，讓中式麵食變得更活潑，更吸引目光，這就是花樣的真正原意。

期許未來有更多同好，將中式麵點發揚光大，讓它不再只是 10 元一個的饅頭。希望透過你我的巧手，讓中式麵點也能散發出璀璨的光亮，期待有朝一日，也能拋去給人的舊有印象，像西式點心的馬卡龍一樣，令人愛不釋手。

好朋友們，就讓我們一起發揮創意，讓生活因為中式麵點而美好。快樂地做，幸福健康地過生活。

饅頭花捲達人 漢克

在傳統中式麵點裡，遇見幸福

2017年，很榮幸有機會與漢克老師合作，出版了《零失敗花樣饅頭花捲與包子》一書，老師不藏私地將他上課用的配方、教法，完全不漏地寫在書上。在某一場老師的簽書會上，聽到有位讀者說：「我沒有上過老師的課，就是跟著書上的步驟，做出來和照片裡一模一樣的饅頭、包子，家人都說好好吃！所以老師的簽書會，我一定要來感謝老師出了這本書。」聽到這句話，身為編輯的我，感動到幾乎掉下淚來！

是的！這就是漢克老師的風格，「不怕讀者學，只怕讀者不學」。只要有心想學，即時無暇上老師的課，買了書勤練，你還是可以做出和老師親做，一模一樣的完美饅頭、花捲與包子。同時買了書，若仍有操作上的問題，只要到「漢克的料理 & 烘焙廚房」社團詢問，老師幾乎都會親自回答。買了書有保障，再也不是一本只能買回家被供起來的食譜書。

《零失敗花樣饅頭花捲與包子》一書在2017年大受好評，許多人私訊詢問能不能也請老師出一本關於水調麵、燒餅的書？讀者們的心聲我們聽到了，因此特別請老師在百忙中，再度提筆寫了這本《零失敗花樣中式麵點》，書中除了保有老師第一本書裡採用全天然的食用色粉所做出來，色彩繽紛的饅頭、花捲與包子外，還特別增加「水調麵與燒餅」，舉凡大家愛吃的蔥油餅、胡椒餅、水餃、鍋貼等都包含在內，全書共有50款中式麵點，是本學習中式麵點最佳的參考書。

麵包蛋糕吃膩了，不妨揉個麵團，做出一顆顆圓滾滾的饅頭；或是包上自己想吃的餡料，包出顆顆內餡飽滿的包子；更歡迎和小朋友在家一起動手做，小朋友用小麵團做出自己想要的形狀，媽媽做個花捲，可以歡樂一下午；當然，和三五好友一起包餃子、做胡椒餅，更是快樂，你包肉餡我做素餃，幸福的味道，和散落在地板上的麵粉一樣，一起充滿整個空間！

朱雀文化編輯部

PART 1
工具、食材與基本工

做好饅頭包子與蔥油餅非難事，

準備好工具與食材，

跟著漢克老師不藏私的教學，

練好基本工，

一起做出好吃的中式麵點吧！

工具篇

中式麵點工具室

要做好中式麵食，雙手是最佳工具。把麵團揉勻、擀麵皮、做饅頭、包餃子等，在一雙巧手的配合下，美味的麵食很快就可以上桌。

當然，其他的輔助工具也有其必要性，但為了不讓大家未做前就先囤積一堆工具，漢克老師只挑出幾項工具，大家可以購買，也可以視家中其他替代品使用。

總而言之，做中式麵點並沒有太複雜的工具，最重要的是有一顆想做想吃的心。

攪拌機

製作量大的中式麵點時，有一台攪拌機能省很多力。

攪拌機依馬力大小，能夠攪拌的麵團重量也不同，讀者可依需求選擇，特別要注意的是電壓伏特數—— 220V 或 110V，同時也須考慮家中是否有 220V 的插座。

蒸籠

竹蒸籠、不鏽鋼蒸籠、鋁製蒸籠、木製蒸籠等，是常見的蒸籠材質。

竹蒸籠和木製蒸籠透氣性佳，蒸出來的成品有股竹子香氣，缺點是不好保存、易發霉，使用後需放在通風的地方自然風乾，若放在屋外晒太陽，容易裂開，價格上也比其他蒸籠貴。

不鏽鋼和鋁製蒸籠都有底鍋、蒸籠及蒸蓋三大部分。蒸蓋較緊不易漏氣，但也因此水蒸氣無法散出，容易影響產品的外觀和組織，優點是容易清洗及保存。

至於蒸籠選擇的大小，依個人需求而定，一般家庭建議可使用直徑 40 公分大小，同時蒸籠的部分要有兩層比較合適。

棉布或紗布

使用不鏽鋼和鋁製蒸籠時，為防止水蒸氣滴在產品上，建議在產品底下墊上棉布或紗布，或是在蒸籠與蒸籠間，加上一條棉布或紗布。

若只蒸一層，可在蒸籠和蒸籠蓋間，加上一條條棉布或紗布，不僅能散出熱氣，也可阻隔水氣滴在產品上。

擀麵棍

有木製、不鏽鋼和塑膠等材質，長度和直徑均有不同規格。至於選用長度，則依個人使用習慣就好。

饅頭紙

又叫防沾紙或包子紙，在烘焙材料行和雜糧行或是大型量販店都有販售，有方、圓形，有大有小。

刮板

在麵團製作過程中，常需要刮刀切麵團，或是清理黏在桌上的麵團及麵粉。刮板有塑膠製和不鏽鋼製兩種材質，不鏽鋼刮板切割麵團快，卻易傷桌面，也容易把桌面的材質刮入麵團裡。塑膠刮板切割麵團不易，但清缸時卻很方便、理想。

計時器

在饅頭包子製作過程中，攪拌、發酵、鬆弛及蒸製等都需要時間，這時計時器就是最佳提醒工具，建議大家準備 2 ～ 3 個，在饅頭製程中才能遊刃有餘。

不鏽缸盆

製作中式麵食時，不鏽缸盆是必備工具，混合麵團、調理餡料都很方便，特別是麵團需要鬆弛時，只要倒扣不鏽缸盆就可以了，無須浪費保鮮膜或是購買發酵桶。

電子秤

製作任何甜點或麵食，精準的配方數字非常重要。擁有一台精細的電子秤是必備工具，以免材料重量的錯誤影響發酵時間及產品的組織、口感等。電子秤的靈敏度最小要可秤出 1 克重，當然愈精細愈好。

壓麵機

一般在家中製作中式麵食時，因為量不多，使用擀麵棍將麵團擀開遊刃有餘，不過當製作的量大時，壓麵機能省下不少時間。不僅速度加快，壓出的麵皮更為光滑外，再者還可去除大部分麵團產生的氣泡，使蒸出的產品表面更為光滑細緻。市場上有自動與手動兩種壓麵機，滾輪直徑、馬力等也都各有不同，可依需求選擇。

食材篇

中式麵點食材箱

製作中式發酵麵團，麵團本身的配方，所需要的食材不多，不過就是麵粉、油、糖及酵母等。大多食材在烘焙材料行或雜糧行都很容易取得，因此以中式麵點來說，不僅所須材料少，操作程序不多、時間也不長，使用工具簡單又不貴，很適合家裡自用和小型創業。

麵粉

麵粉種類很多，低筋、中筋、高筋各自不同。

低筋麵粉

蛋白質：9% 以下，水分：13 ～ 14%

適合：製作蛋糕、餅乾及各種點心食品。製作發酵麵食時，如果筋度較高，可以加低筋麵粉調整筋度，製作出理想的成品。

中筋麵粉

蛋白質：9 ～ 11%，水分：13 ～ 14%

適合：製作中式麵食。加水攪拌或擀壓後具彈性及延展性，很適合做饅頭、花捲、包子及蔥油餅等水調類的麵食。

中筋粉心粉

蛋白質：11 ～ 12%，水分：14%

適合：常用來製作中式麵食的麵粉之一，山東饅頭、麵條就是用這類麵粉。

高筋麵粉

蛋白質：12% 以上，水分：14%

適合：製作麵包、土司等西式麵點。沒有中筋麵粉時，可以將高筋麵粉加入低筋麵粉混合後，當作中筋麵粉來製作中式麵食。

油脂

改善麵團性質、增加麵團的延展性及彈性，讓產品口感較為柔軟，表面呈現較光亮；亦可以延緩麵團老化，拉長成品保存時間。

製作中式麵食時可選較自然的油脂，如沙拉油、奶油，增加香氣。

糖

酵母可以把糖分解為二氧化碳及酒精，讓麵團膨脹（二氧化碳）及增加麵團特殊風味及香氣（酒精）。因此糖除了可以提供酵母養分及加速發酵外，還能加強水分的保存，讓產品柔軟不易老化。糖量愈多，雖然能使產品貯存時間愈久，卻也會抑制酵母發酵，因此用量還是需要控制。

本書的配方幾乎都以細砂糖為主，主因是細砂糖溶解快，能均勻地分布在麵團上之故。

水

有硬水、軟水、中硬度水，最常用的是一般自來水，用來調節麵團軟硬度。

經研究發現，較高的吸水量可以改善麵食的體積及口感，水量較少時會使產品體積較小且組織堅硬口感差。南方產品的配方水量約為麵粉的 46 ～ 55%，北方產品水量約 40 ～ 50%。

鹽

鹽可以增加麵團的筋性，抑止細菌滋生，但若添加過量，反而會抑制酵母的發酵，導致最後發酵時間拉長，讓蒸出來的產品明顯變小，口感也變差。所以建議製作饅頭、包子不要添加鹽，真的要加，請控制好使用量。

酵母

酵母名稱	新鮮酵母	乾酵母	速溶酵母
含水量	65 ～ 70%	7.5 ～ 8.5%	4 ～ 6%
特色	淡黃色或乳白色，具有酵母特殊的氣味卻沒有酸臭味。	以新鮮酵母擠壓乾燥再脫水而成。	加了抗氧化劑及乳化劑，再經過擠壓和低溫乾燥而成。
保存期限	0℃時可以保存 2 ～ 3 個月。	常溫下真空保存期約 2 年。	常溫下真空保存期約 2 年。
使用方式	常溫下，用手弄碎或是加適量的溫水，讓酵母恢復活力，再與食材攪拌。	先浸泡水中，讓酵母活力恢復，再與食材攪拌。	直接和其他食材一起攪拌。
用量	速溶酵母的 3 倍	新鮮酵母的 1/2	新鮮酵母的 1/3

基本工篇

中式麵點工夫課

很多人對中式麵點心存畏拒，原因是很難掌握它的製作過程。漢克老師累積多年經驗，特別無私分享他製作中式麵點的祕訣與心得，希望大家都能揉出一手好麵食！

基本工 1

◆ 成功做饅頭包子 ◆

想要做出美美的饅頭、包子與花捲，基本工一定要學好。

跟著漢克老師的教學，一步步做、慢慢學，學著和麵團培養感情，搞懂每一步的為什麼，自然而然就能做出美麗的成品。

饅頭包子製作流程圖

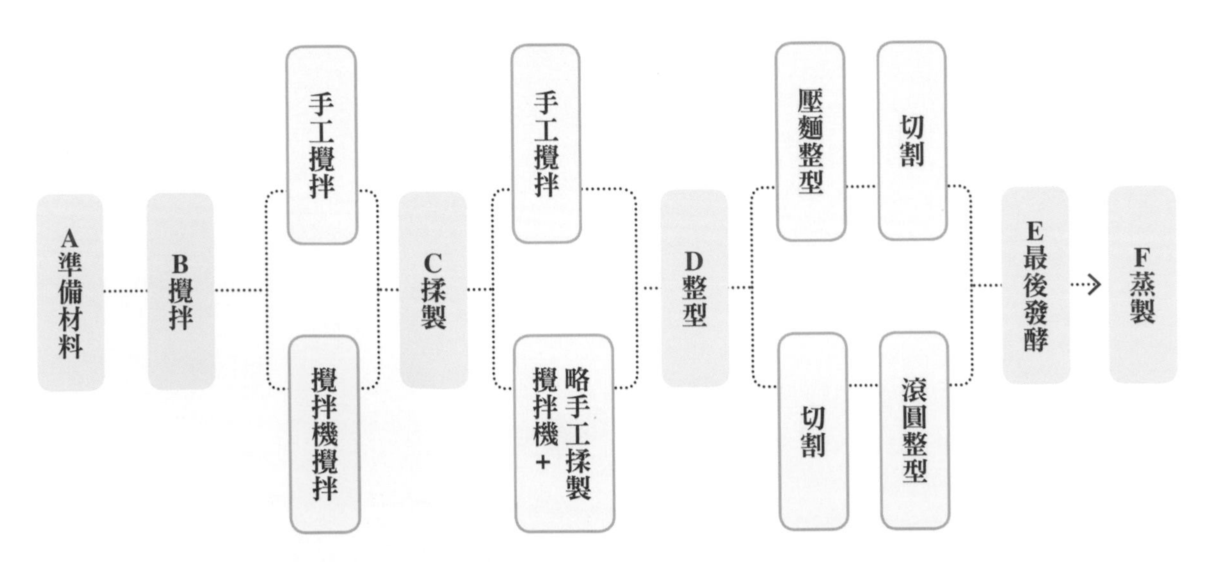

A 準備材料

製作原味饅頭所需材料簡單，但總有讀者「忘記放酵母」、「水倒太多」，建議讀者將材料分別秤好，依食譜建議順序擺放。

食材中的麵粉，每個品牌吸水率不同，食譜水量「僅供參考」，讀者們務必預留部分水分，視天候及麵粉情況調整。

基本原味饅頭所需材料為：

中筋麵粉	600 克
水	300 克
速溶酵母	6 克
細砂糖	30 克
沙拉油	15 克

B 攪拌

不論用手揉或是用攪拌機代勞，記住水分不要一口氣全下，尤其台灣 3 ～ 5 月吹南風時，地板容易潮濕，麵粉會吸收較多的水分，下的水量就要減少；或是有些麵粉筋度較高（如粉心粉或高粉），水分就要提高，不能按著食譜配方依樣畫葫蘆，因為使用的食材和環境並不完全相同。

手工攪拌

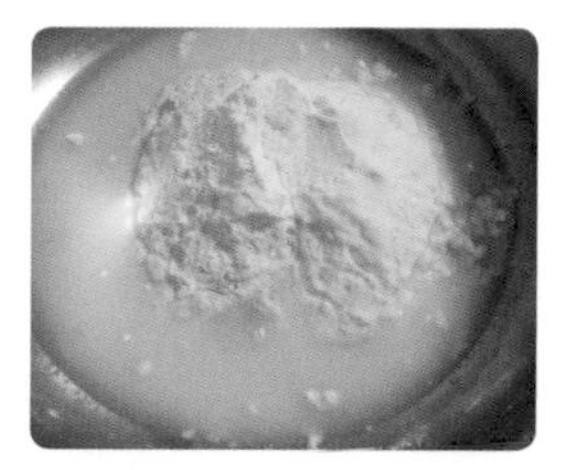

❶ 將所有材料放入盆中攪拌。

❷ 用筷子將所有材料拌到沒有水分。

❸ 用手把所有材料搓到成團，再倒在桌上搓揉。

攪拌機攪拌

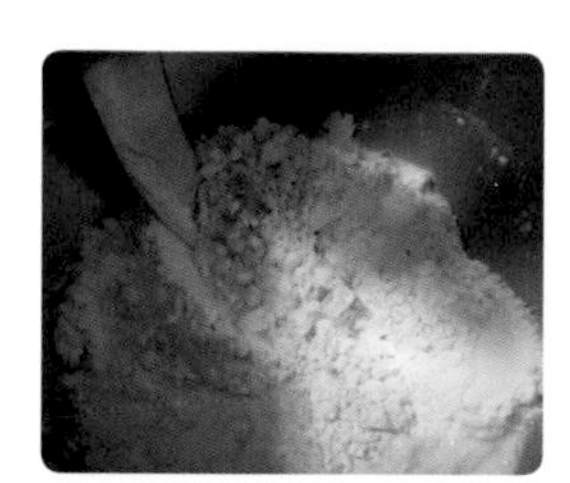

❶ 將所有材料放入攪拌缸裡。

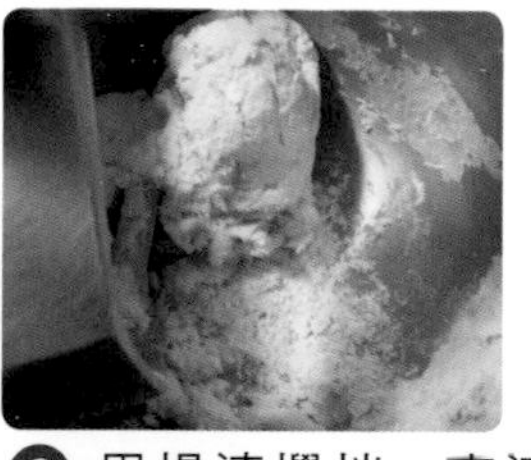

❷ 用慢速攪拌，高速或中速會使麵粉會飛出來。

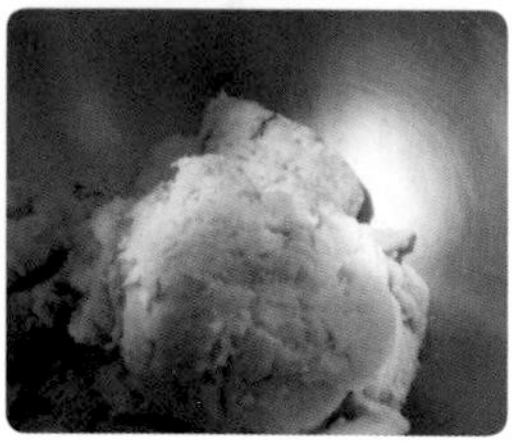

❸ 用攪拌棒將所有材料慢慢攪拌成團。

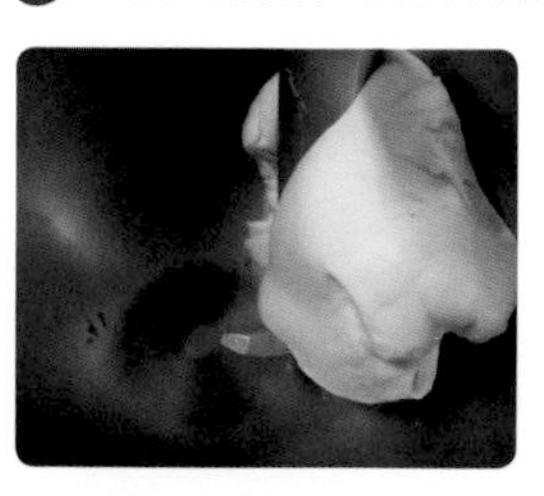

❹ 將麵團攪拌到表面光滑就可以了。

C 揉製

手工揉製麵團

腳站弓字步，右手用力搓、左手輔助，像洗衣服的方式搓揉。每個人的力道和搓揉的方式不同，所以搓揉到好的時間都不一定。

攪拌機揉製麵團

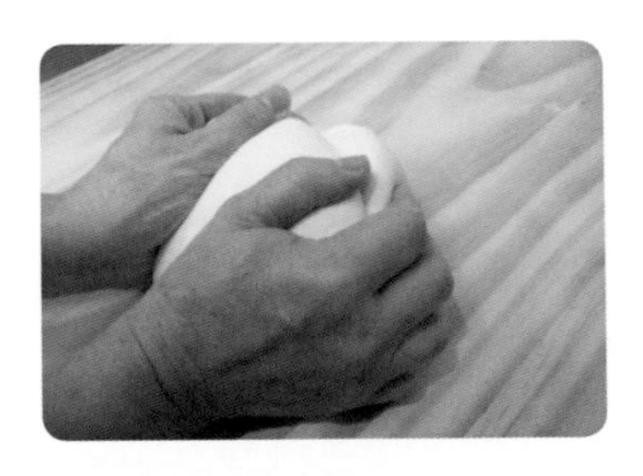

自攪拌機取出麵團，再拿到桌上揉幾下就光滑了，即可接續後面的動作。

漢克老師小學堂

視情況做鬆弛

一般來說，如果麵團的軟硬度沒有問題，揉製好後可以直接成型，但有些麵團筋性較強無法成型時，就必須放著，讓麵團鬆弛充分吸收水分，等柔軟後再做後續動作。

有時麵團無法揉到光滑，可以讓麵團鬆弛 3 ～ 5 分鐘再揉，也較容易揉到光滑。

要注意鬆弛時不能將麵團直接放桌上，這樣麵團表面容易受到風吹而結皮乾硬，可以將不鏽缸盆倒扣，或是用塑膠袋包好。

D 整型

視饅頭造型決定是先壓麵整型再分割，或是分割再滾圓整型。

若想要做成一般長方形，就得經過壓麵過程；若想做成圓形，就需要先分割，再滾圓整型。

麵團經揉製過程呈現光滑狀後，可依要求分割麵團大小，把壓好的麵皮捲成長柱形，也可以直接分割，大小一致，這樣成型後規格較統一美觀。

長方形造型：先整型再分割

整型手法

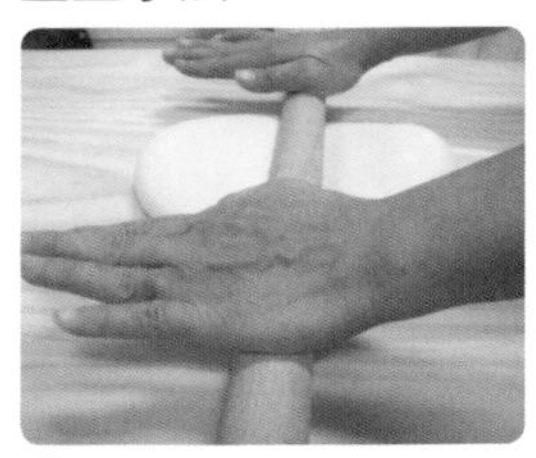

❶ 將麵團擀成長方形

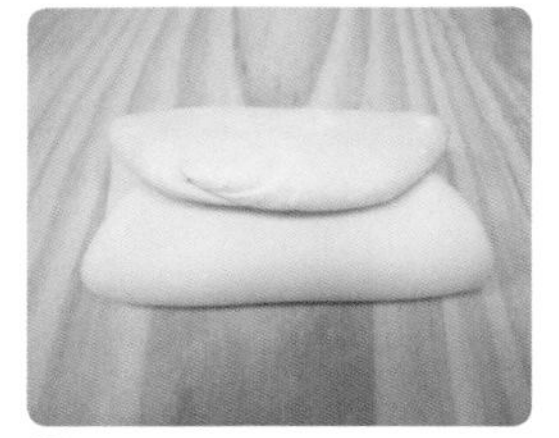

❷ 折成三折

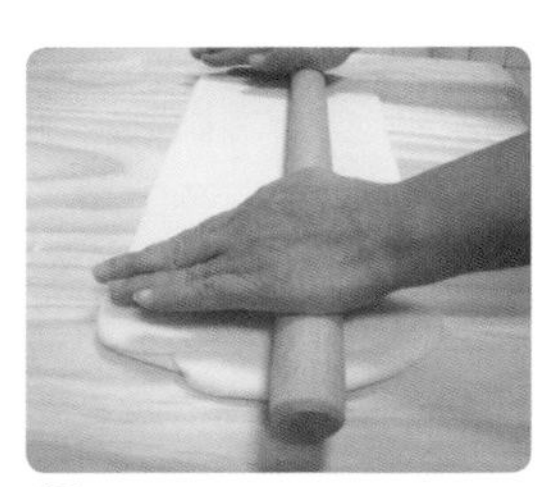

❸ 再擀成長方形

❹ 刷掉麵皮上的粉，抹少許的水。

❺ 緊密捲好，麵團切下才不會有孔洞。

❻ 雙手在捲好的麵團來回滾動，讓麵團更緊實，但不要太用力滾動，否則麵團會變長變細。

分割手法

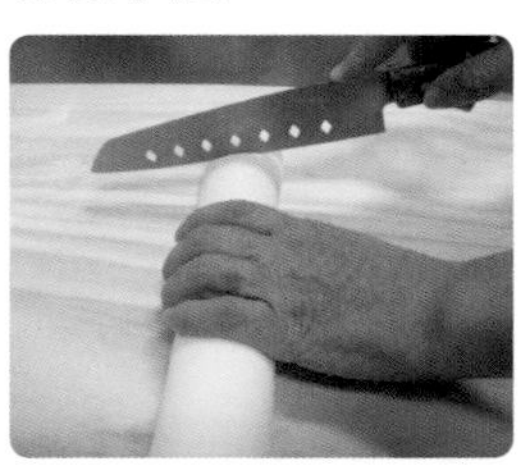

❼ 捲成長柱體後，每 6 公分切一刀。

圓形造型：先分割再滾圓整型

分割大小

❶ 將麵團分割成同樣大小的小麵團。

整型手法

❷ 右手用力揉出，左手輔助。

❸ 麵團揉出後，再用右手把揉出的部分收回。

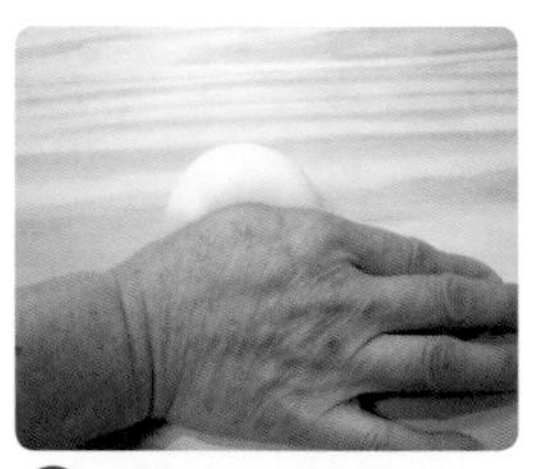

❹ 重複此動作數次。

❺ 揉到表面光滑後收口。

❻ 麵團收口後將手揉的部分朝下立起。

❼ 將麵團放在兩個手掌中間，手呈 V 字形，兩個手掌一前一後來回滾動麵團，將靠近手掌部分滾成燈泡形狀。

❽ 完成圓形造型

整型影片在這裡！

漢克老師小學堂

壓麵次數要注意

麵團經過壓麵機或是擀麵棍將麵團反覆壓延或擀壓，能把麵團壓成光滑的麵皮，使產品較為細緻，口感較好，但要注意的是，麵團不能鬆弛（第一次發酵）太久，因為發酵產生的氣泡會壓不出去，導致表面較為粗糙，氣孔也多。

另外壓麵的時間或次數不能太久或太多，用壓麵機壓麵，時間太久，麵團會愈壓愈軟；而用擀麵棍壓的次數太多則會壓出筋性，麵團變硬，這些都不利之後的成型。

E 最後發酵

這是饅頭包子最難的部分，饅頭包子這個部分做得好，基本上就成功了。

發酵不是由時間來決定，而是視溫度的高低。夏天天氣熱，發酵的時間愈短；冬天天氣冷，發酵時間就會拉得很長。最後發酵需要注意兩大重點：發酵方法與發酵完成的判斷。

1 發酵方法

一般說來，發酵的方法有二：

a. 室溫發酵

天氣較熱時，只要將成型好的饅頭包子放在蒸籠裡，蓋上乾布，以免風吹表面結皮，影響口感，放在室溫發酵就可以了。

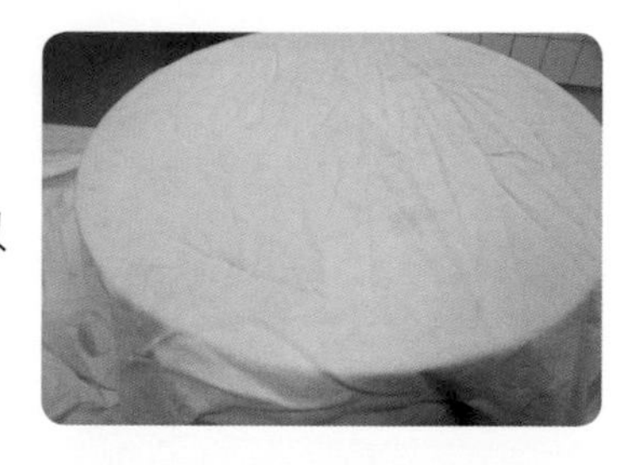

b. 利用工具發酵

冬天天氣較冷，發酵時間會拉得很長，一般家庭都沒有發酵箱，所以可以借用烤箱和平底鍋來幫助發酵。

烤箱發酵：使用烤箱發酵時，若有預熱烤箱習慣，就將預熱烤溫設定在 30℃左右，預熱好之後，將饅頭包子放在烤盤上，送進烤箱做最後發酵；若沒有預熱習慣，則直接將饅頭包子放在烤盤上，直接以「上火 40 ～ 50℃，下火不開」的方式進行最後發酵。切記溫度不能太高，否則容易造成麵團表面乾硬甚至產生裂痕。

平底鍋發酵：將平底鍋燒熱至手還可以碰觸的溫度，關火後，立刻將饅頭包子放上，蓋上乾布，以免風吹結皮。至於發酵時間無法準確告知，讀者可參考「發酵完成的判斷」的方式。
冬天利用烤箱及平底鍋發酵方式，比在室溫發酵快上好幾倍的速度，但切記因為平底鍋發酵比烤箱更快，較適合少量製作，同時讀者要拿捏好最後發酵的時間。

2 發酵完成的判斷

最後發酵會影響蒸出來的結果，如果蒸出來很多皺縮，幾乎是這部分沒有做好。
判斷最後發酵是否完成的方式有以下三種，讀者不妨多試幾次，就能掌握這些要訣。

a. 明顯變大

饅頭包子經過時間的發酵，酵母產生二氧化碳，使麵團膨脹，在外觀上可以明顯看出比原來大許多。

b. 明顯變輕

外觀變大後，放在手上的面積就變大，可以明顯感受它變得輕了，但是重量並未變動多少。

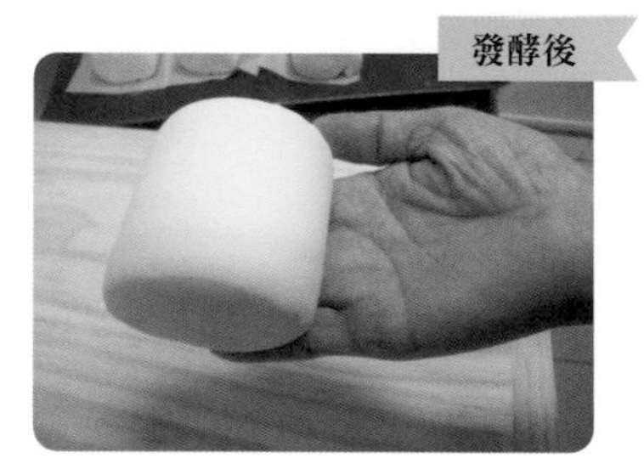

c. 外觀改變

發酵好的饅頭或是包子，表面會變得較為平滑，紋路也變得模糊。

F. 蒸製（熟製）

不管用冷水或水滾後開始蒸，只要覺得適合自己使用都可以，不必拘泥任何一種方式，用大火或是中小火或小火蒸也是，但火力愈小蒸的時間就要拉長。

用不鏽鋼蒸籠因為較為密閉，會有滴水的問題，強烈建議使用一塊布蓋在蒸籠和蒸籠蓋之間；若使用竹蒸籠或木蒸籠，因為透氣性較好，布就省略。

蒸的時間，要考慮產品大小，愈小時間就短，像小籠包蒸 6 ～ 7 分鐘就可以；產品愈大時間就要長一些，像山東饅頭、包肉餡的包子等，若蒸的時間太短，吃來黏牙不爽口，或是肉餡不熟夾生。

蒸製時要注意的重點有五：

1 乾布要放上

很多人做饅頭或包子時，明明發酵得很漂亮，時間拿捏得也剛剛好，卻在開鍋時，看到彷彿燙傷般的成品。這樣的成品，多是因為蒸的時候被水滴到而產生的悲劇。

蒸的時候怕滴水，可以在蒸籠裡放上塊布或是可吸水又能透氣的東西，如廚房紙巾。若是蒸兩層以上，可以放在蒸籠底部，也可以夾在蒸籠層間。重點是布必須是乾的或是扭乾的，因為濕的布不會吸水，反而會阻隔蒸氣的上升和下降，這樣包子饅頭不但會蒸不熟，也會因為水氣滴在蒸籠裡而弄濕了包子饅頭。

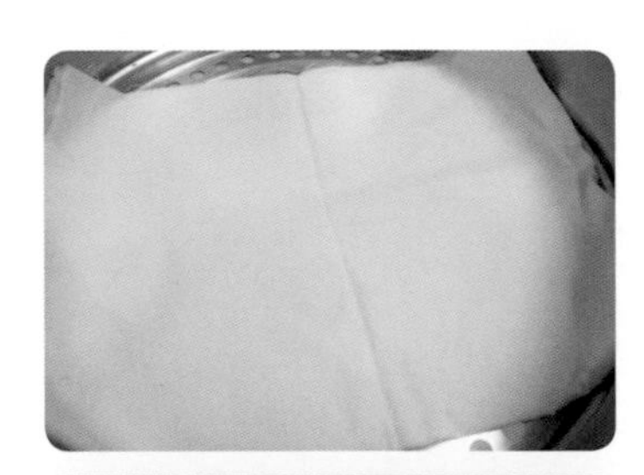

2 蒸鍋的水只要 2500C.C.

蒸饅頭包子的時間並不長，一般的蒸鍋都很大，加太多的水，家用瓦斯會花不少時間才能煮滾，如果發酵好了才煮水，饅頭包子就會過發，如果水煮著等發酵好，又太浪費瓦斯了，所以蒸鍋裡的水量，最好是家用瓦斯花 5 分鐘左右能煮滾的程度，也就是約 2500C.C.。這樣的水量即使蒸上 15 分鐘，水量還是會剩不少，不僅省時也省瓦斯。

3 大火開蒸

蒸的火力大小，端看自己的使用習慣，不管中小火、中火、中大火或是大火，只要能蒸出漂亮的饅頭包子，這個答案就不是那麼重要。書裡用的都是大火。

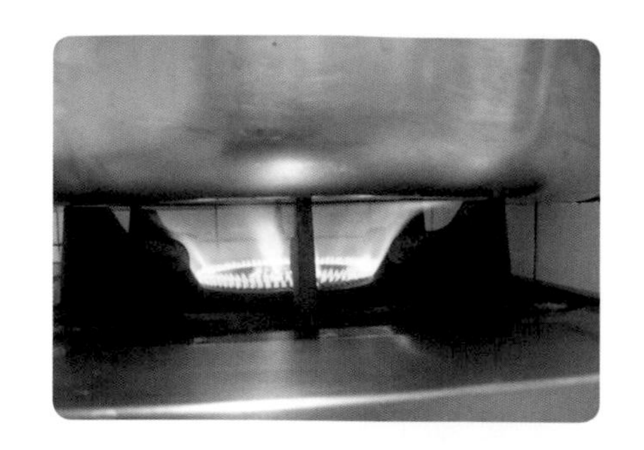

4 鍋蓋要包布

由於要先將蒸鍋裡的水煮開，才開始蒸饅頭包子。煮水時蒸籠蓋上都是水蒸氣，因此開始蒸饅頭包子時，必須將鍋蓋先擦乾，免得滴在饅頭包子上，影響產品美觀。用不鏽鋼蒸鍋記得在鍋蓋包上棉布或紗布，再插上根筷子，讓熱氣散出，水蒸氣較不易凝結在鍋蓋上；若是使用竹蒸籠，則可省略上述步驟。

如果不鏽鋼蒸籠要蒸兩籠以上，蒸籠和蒸籠間也要加塊布，或是將布鋪在蒸籠裡，以免水氣滴到下一層的饅頭包子上，重點是布一定要是乾的（如果是濕布必須擰乾再用），否則上層的饅頭或包子會蒸不熟。

5 蒸熟會回彈

蒸好的饅頭花捲與包子，開蓋後記得用手指輕壓一下，會彈回就代表熟了，假使按下沒有回彈，且留著壓痕，就還沒熟，蓋上鍋蓋，再蒸上 3 ～ 5 分鐘即可。千萬不能等饅頭包子涼了，發現沒有蒸熟，再蒸也蒸不熟了。

基本工 2

◆ 老麵這樣做 ◆

一般製作饅頭包子，採用直接法製作麵團即可，也就是將麵粉、酵母、糖、油與水直接混合均勻的方法。但是，如果加了老麵，香氣與口感立刻提升，因此在時間允許下，是很值得的投資。

為回饋讀者，漢克老師特別撰寫老麵的製作流程，提供給想挑戰更具風味的饅頭包子讀者，希望大家都能做出更美味可口的產品。

老麵製作流程表

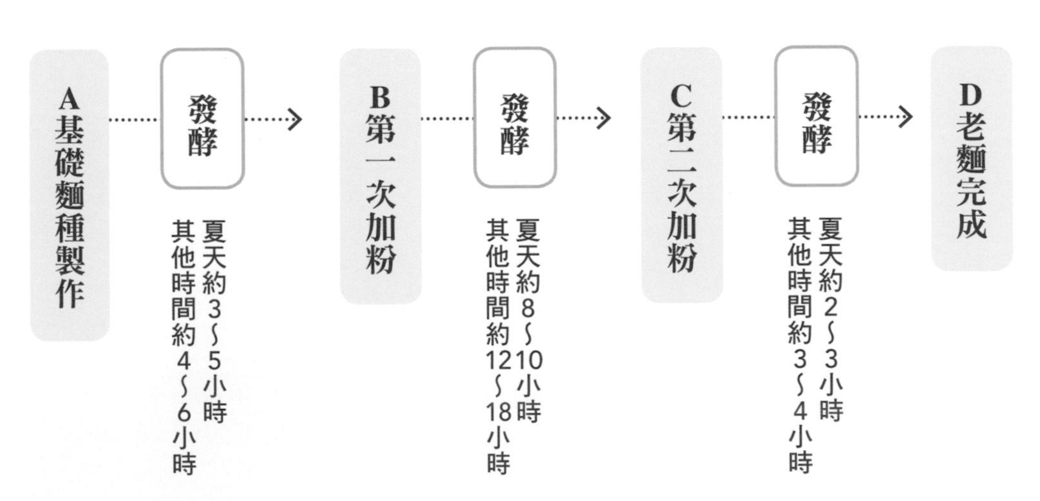

A 基礎麵種製作

材料	比例	克數
中筋麵粉	100%	200 克
水	80%	160 克
速發酵母／乾酵母／新鮮酵母	1%	2 克／3 克／6 克
合計	181%	362 克

1 攪拌

將所有材料放入缸盆中，用筷子攪拌至沒有麵粉即可。在缸盆上方覆蓋塑膠袋，以免曝露於空氣中，使麵團結皮（麵團表面會產生硬皮）。

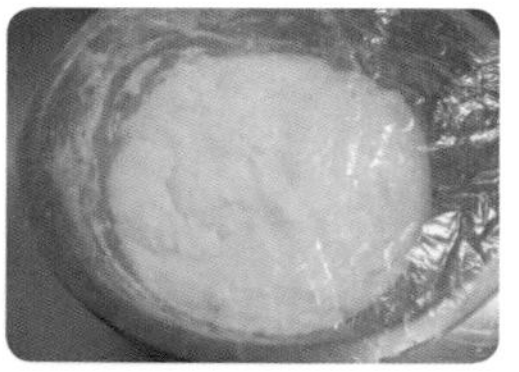

2 室溫發酵

將覆蓋塑膠袋的麵團置於室溫發酵，夏天天氣熱約 3 ～ 5 小時，其他時間約 4 ～ 6 小時（依當時室溫高低較為準確）。

B 第一次加粉

材料	比例	克數
麵種	180%	362 克
中筋麵粉	100%	200 克
水	80%	160 克
合計	360%	722 克

3 攪拌

麵種完成後，緊接著是「第一次加粉」。請直接將中筋麵粉及水加入基礎麵種的缸盆中，用筷子拌至沒有麵粉即可，同樣在缸盆上方覆蓋塑膠袋。

4 室溫發酵

第一次加粉後的麵團，同樣放在室溫發酵，夏天約 8 ～ 10 小時，其他時間約 12 ～ 18 小時（依當時室溫高低較為準確）。

C 第二次加粉

材料	比例	克數
麵種	180%	722 克
中筋麵粉	100%	400 克
水	80%	320 克
合計	360%	1442 克

5 攪拌

「第一次加粉」發酵時間結束，再將第二次加粉中的中筋麵粉及水倒入缸盆中，用筷子攪拌至沒有麵粉即可，同樣在缸盆上方覆蓋塑膠袋。

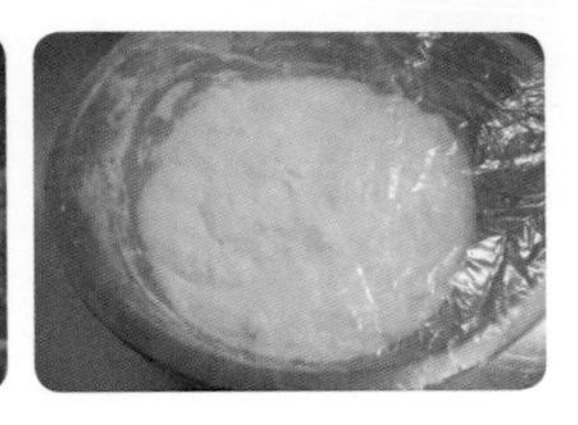

6 室溫發酵

第二次加粉後的麵團，同樣放在室溫發酵，夏天約 2 ～ 3 小時，其他時間 3 ～ 4 小時（依當時室溫高低較為準確）。

D 老麵完成

7

時間到了，老麵完成，即可取出要使用的量，直接和新麵團混合製作麵食。

漢克老師小學堂

1. 老麵不用可放入冰箱冷藏，3 天內用完，如有酸味可加蘇打粉或鹼水中和。
2. 如長期不用建議放入冷凍，要用時再拿出來，待麵團軟化後，再第二次加粉，室溫發酵3～5小時才可以用。
3. **老麵使用比例**

	老麵：中筋＝ 1:3	老麵：中筋＝ 1:1	老麵:中筋＝1:0.55
老麵	200 克	500 克	1000 克
中筋麵粉	600 克	500 克	550 克
水	250 克	125 克	－
中筋麵粉：水	100%：42%	100%：25%	

老麵做好之後，就可以直接運用了。老麵使用比例多寡，直接影響口感，放得多，口感 Q，但要注意的是，因為老麵含水量高達 80%，加得多，水分也就放得少，同時酵母也可以放得少，甚至不放；如果新麵團比例比老麵大，Q 感鬆軟，同時建議酵母量及水量就要多放，否則「最後發酵」的時間會很久。

基本工 3

◆ 成功做水調麵 ◆

水調麵依水溫的不同，可分為冷水麵、燙麵、溫水麵及全燙麵等四類。

A. 冷水麵

特性是筋性好、韌性強、拉力大，產品顏色較白，口感順爽，適合水煮類麵食，如麵條、水餃、貓耳朵、雲吞等，也可以做為煎、炸類品，如蔥油餅、煎餅、烙餅等。

製作冷水麵食時水溫不要高於 30℃，因為水溫不高，所以麵粉中的澱粉不會被糊化，麵團較其他麵食來得結實，但切記揉好的麵團需要一定的時間鬆弛，讓麵團得以充分吸收水分，形成好的延展性跟彈性，有利於成型的操作。

B. 燙麵

燙麵筋性差，韌性、彈性、勁道與拉力都不好，但可塑性不錯，產品成型不易變形，顏色較冷水麵深，吃起來有甜味、麵團較軟，適合製作蒸類的麵食，如蒸餃、燒賣等；在煎炸方面則可做韭菜盒子、蔥抓餅、蛋餅、燒餅等。

麵團的製作必須先用滾水沖入，藉以糊化麵粉中的澱粉，增加麵團的吸水度。如此一來，麵團會比其他麵食軟，因此加入適量冷水，來增加軟硬度。

滾水跟冷水比例是影響口感的關鍵，可自行調整。另外麵團完成也要適度鬆弛，增加可塑性，利於成型。

C. 溫水麵

使用 60 ～ 70℃的水製作，特性介於冷水麵跟燙麵之間，適合於蒸類麵食，如鍋貼、蒸餃、燒賣、湯包等，或煎烙炸類麵食，如蔥油餅、烙餅、燒餅等。

做法可以先沖滾水跟麵粉拌勻，再加入冷水搓揉成團，或是將滾水加到冷水中成為溫水，再加入麵粉中搓揉成團，水量的多寡會影響口感，形成不同的筋性、韌性、彈性及可塑性。

D. 全燙麵

製作時全都是滾水，讓澱粉完全糊化，因此筋性、韌性與彈性都很差，但可塑性很好，產品透明，口感柔軟。極適合如水晶餃、蝦餃等蒸製麵食，不適合煎炸燒烤類的產品。

水調麵製作流程圖

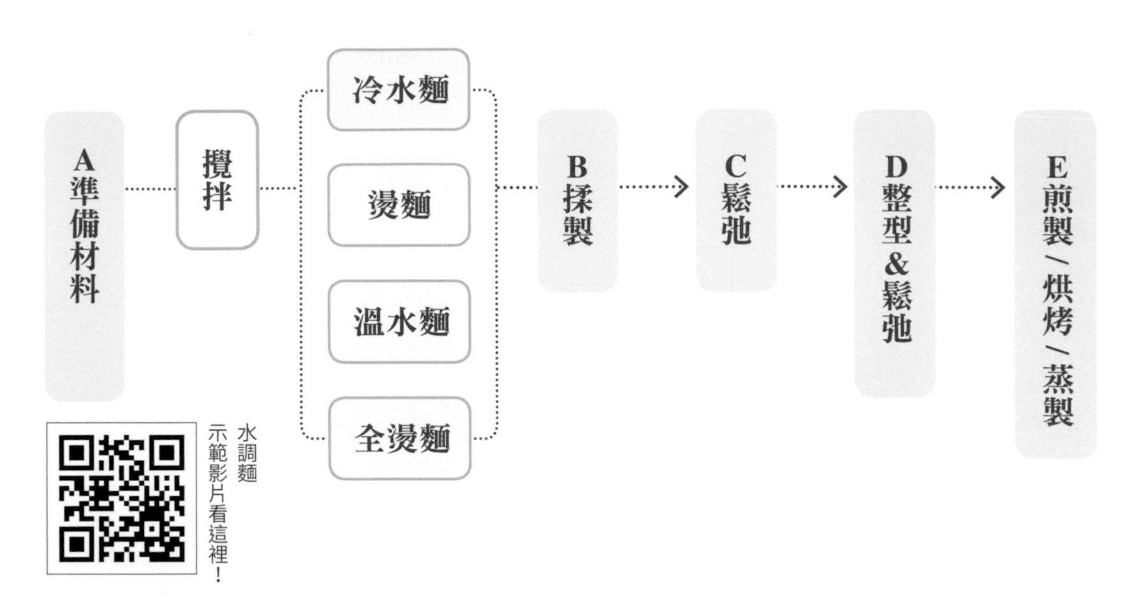

A 準備材料

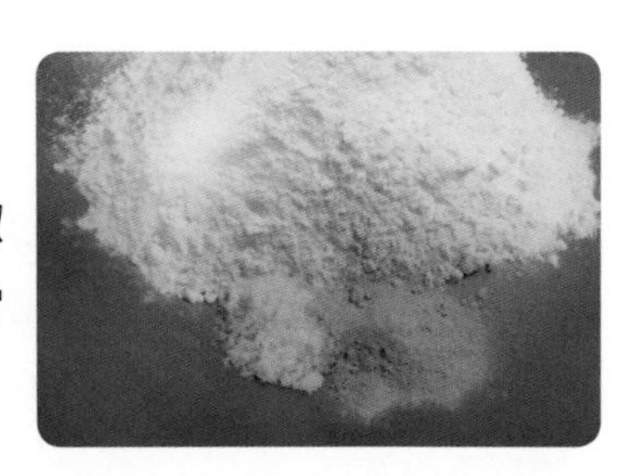

基本上做水調麵時，特別是蔥油餅類的產品，個人習慣將鹽和胡椒粉放入麵粉裡，如此一來麵皮本身就有味道，不需要再調味，非常方便，推薦給讀者。

1 攪拌

將所有材料放入缸盆中，用筷子攪拌至沒有麵粉即可。在缸盆上方覆蓋塑膠袋，以免曝露於空氣中，使麵團結皮（麵團表面會產生硬皮）。
以燙麵為例，流程如下：

❶ 沖入熱水後攪拌

② 沖入冷水後攪拌

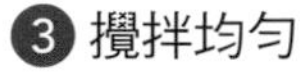

③ 攪拌均勻

④ 拌勻抹油

B 揉製

攪拌完成後，看起來麵團很濕黏，但是只要經過搓揉或是適當的鬆弛時間，還是能夠呈現具有光澤的麵團。
鬆弛後放在桌上搓揉，不需 1 分鐘就可以揉至光滑。

C 鬆弛

鬆弛是水調麵最重要的一環，讓麵團有充分的時間吸收水分，以利之後的操作。麵團擀不動，就置於一旁讓它鬆弛 10 ～ 15 分鐘，一定要蓋上鍋蓋或保鮮膜，以免表面因風乾而結皮。

D 整型 & 鬆弛

水調麵的整型有很多種，做成蔥油餅、水餃或是烘烤類的餅，各有不同的整型手法，整型好之後，還要再經過鬆弛，才可以進行下一個煎製 / 烘烤或蒸製的過程。

蔥油餅整型法

① 擀成薄薄的長方形。

② 撒上蔥花。

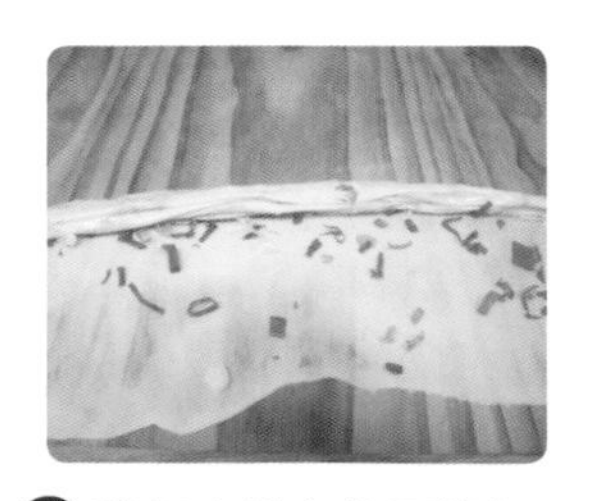

③ 將麵皮從上往下捲起。

④ 捲好後，從長條的一邊往中間捲起。

水餃整型法

❶ 將麵團用擀麵棍擀成圓麵皮。

❷ 包入餡料，做出餃子造型。

酥餅整型法

❶ 製作油皮油酥麵團，並用油皮包裹油酥。

❷ 做 2 次擀捲。

❸ 擀捲後包餡。

❹ 烤前裝飾。

E 煎製 / 蒸烤

水調麵有煎有烤、有煮有蒸，可當主食亦可做點心。

● 蒸法：蒸鍋裡的水煮開，放上整型好的成品，視麵食所需時間，蒸至熟即可。

● 烤法：待烤箱到達預熱溫度，放入整型好的成品，烘烤至熟。

● 煎法：視整型好的成品所需，以適當的火力煎煎至兩面金黃；或加入粉水，煎至底部焦黃即可。

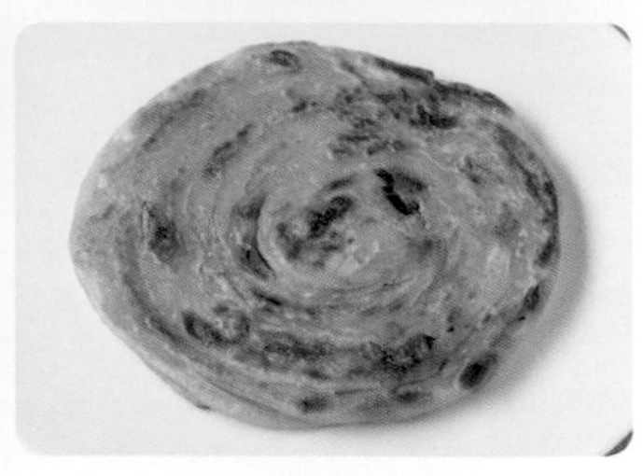

漢克老師小學堂

鹼水，中式麵點的救星！

鹼水無色無味，也無熱量更零營養，卻可以改變食物質感和顏色，讓口感變得Q軟彈牙，外表富有光澤，因此常用於處理不同食材。

對中式麵點來說，鹼水也是要角之一。

A. 為什麼要用鹼水？

使用鹼水的目的，是為了中和麵團中的酸味，促使麵團膨鬆、體積脹大。

由於麵團在發酵過程，會產生大量的酸，依據酸鹼中和的原理，鹼能中和麵團的酸味，並在酸鹼中和過程中產生二氧化碳，藉以增加麵團的孔洞，使包子饅頭鬆軟、體積脹大，同時除去酸味。

另外，鹼水能增強麵團延展性，也就是我們常說的筋度，使麵皮有口感、有嚼勁。但用量須掌握好，否則用量大了，麵團容易脆弱、斷裂，而且有苦味。

B. 如何用鹼？

用鹼時，通常用 40°C左右的溫水，調成鹼水，再加到麵團裡。麵團加鹼水後要反覆揉勻揉透（壓麵也可），使鹼均勻地分布在麵團中，否則，製成的麵團易出現黃一塊（鹼多）、白一塊（鹼少）的花斑，嚴重影響蒸製後包子饅頭的品質。

鹼的用量要根據發酵程度與季節的變化來增減。一般發酵充分的麵團用鹼量稍大，反之則較少；夏秋季溫度較高，發酵較快、酸味較重，鹼要多加；冬季發酵速度慢、酸味較淡，加鹼應減少。

從感官上的判斷方法為：有一定筋力，彈性好，不黏手就是加鹼正好。如果麵團鬆軟沒勁，且黏手則是鹼加少了，如果麵團勁大且滑手就是鹼加多了。

加鹼是否恰當判斷法

1. 聞鹼：將麵團取下一塊聞看看，有酸味即是鹼加少了，有鹼味就是鹼加多了。聞正常的麵香，就是加鹼適當。

2. 嘗味道：取麵團放在嘴裡咀嚼，有酸味、黏牙，則是鹼少了；有鹼味，則是鹼多了。沒有酸味而有麵香味則是適量。

或把麵團用舌頭舔一下，甜味就是加鹼正常;有澀味就是鹼多了;是酸的就是鹼少了。

3. 看鹼：麵團光滑後，用刀切開看切面，孔洞如大小一致，分布均勻則是正常的；孔洞大而不均勻則是鹼少；孔洞小且較長，會出現黃色則是鹼多了。

C. 鹼放多了如何處理？

鹼放多時，可以延遲一些時間再蒸，讓包子饅頭再醒一會，可以讓鹼揮發掉，或是提高溫度（約在 30 ～ 38°C）讓酵母菌發酵，這樣可以加速中和鹼味。

另外，若是包子饅頭蒸好後發現變黃，就是鹼放多了的表現，此刻立即在蒸鍋倒入少許的白醋，用小火再蒸 10 分鐘，包子饅頭就會變白，也不會有酸味。

PART 2

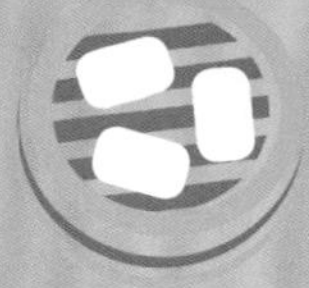

發麵

揉一點麵團，添一點顏色，

做一點變化，加一些內餡，

搓搓揉揉，將平凡無奇的麵粉，

做成一顆顆讓人會心一笑的～

饅頭花捲 & 造型包子！

辮子捲

份數
7個

材料

中筋麵粉............ 400 克
速溶酵母............... 4 克
細砂糖................. 20 克
沙拉油................. 10 克
水........................ 200 克
紅麴粉..................... 2 克
薑黃粉..................... 2 克
抹茶粉..................... 2 克
梔子紫色粉........... 2 克

做 法

A. 攪拌

1 將所有材料（紅麴粉、薑黃粉、抹茶粉、梔子紫色粉除外）放入缸盆中。

2 依 P.12「成功做饅頭包子」的「攪拌」過程，將材料拌至沒有水分。

3 再用手將所有材料搓到成團備用。

B. 揉製

4 依 P.12「成功做饅頭包子」的「揉製」過程，將麵團揉至光滑。

5 將揉至光滑的麵團分為五份。分別加入色粉，揉至上色及光滑。

C. 整型

6 將各色麵團直接揉成長柱形。

7 將各色的長柱形麵團，各切成數個約 20 克左右的小麵團。

8 將小麵團搓成約 20 公分長條。

9 將揉成長條的麵團一端黏起排好（顏色可以自行排定），由左向右標計排序數字，每做一個動作，排序依舊由左至右重新排列（排序不跟顏色跑）。

做法

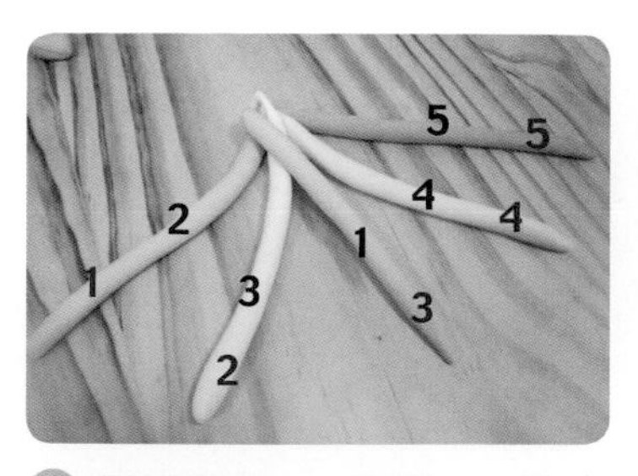

⑩ 編織開始，1 跨過 3。排序重新洗牌 1 ～ 5。

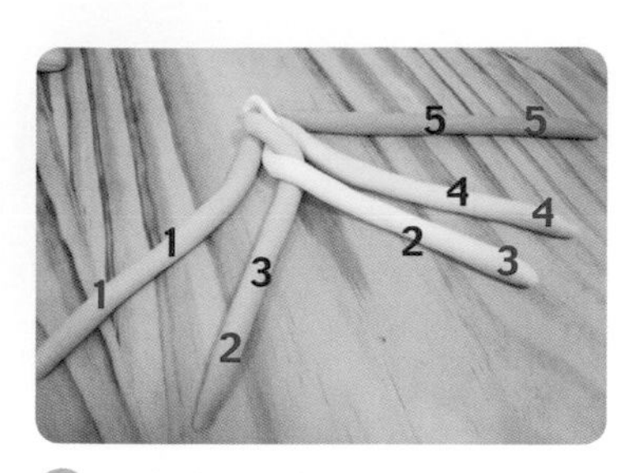

⑪ 2 跨過 3。排序重新洗牌 1 ～ 5。

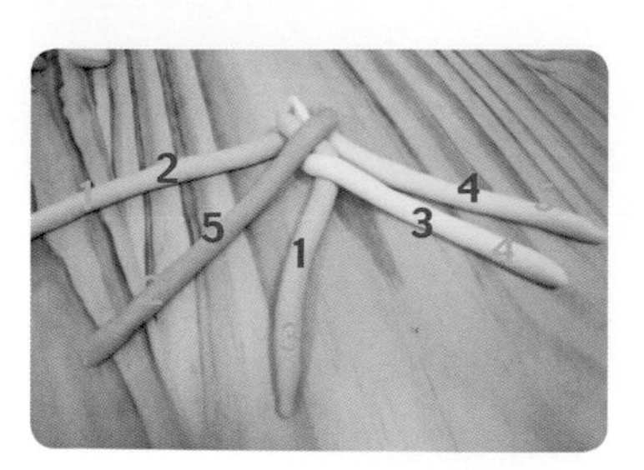

⑫ 5 跨過 2。排序重新洗牌 1 ～ 5。

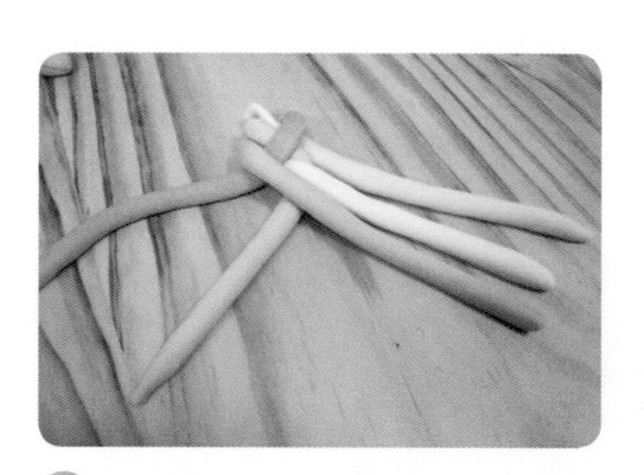

⑬ 再重複一次步驟 10 ～ 12，1 跨過 3、2 跨過 3、5 跨過 2，但每做一個動作，都別忘將排序重新洗牌 1 ～ 5。

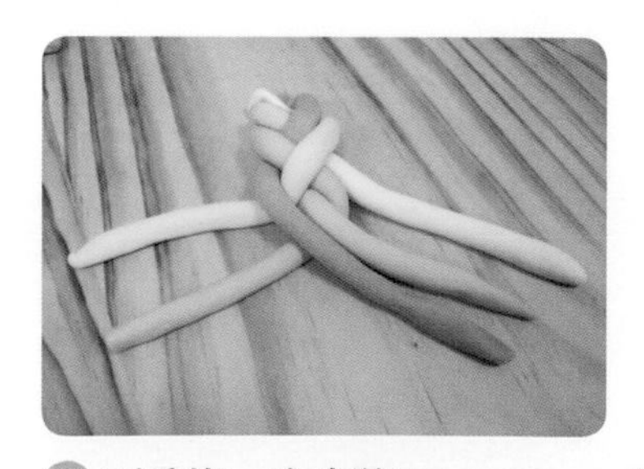

⑭ 再重複一次步驟 10 ～ 12，1 跨過 3、2 跨過 3、5 跨過 2，但每做一個動作，都別忘將排序重新洗牌 1 ～ 5。

做法

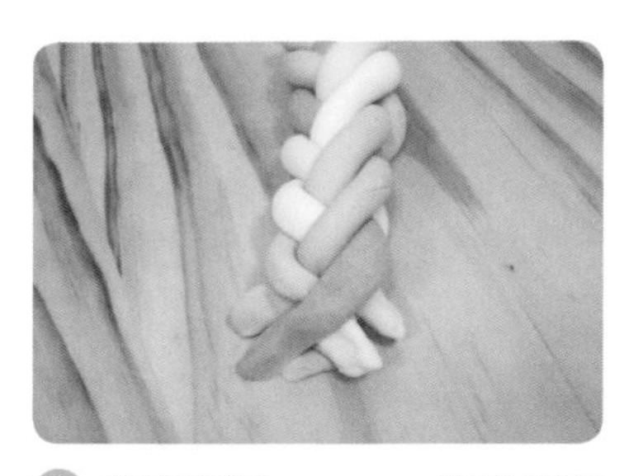

⑮ 重複步驟 10 ～ 12 的動作到結尾。

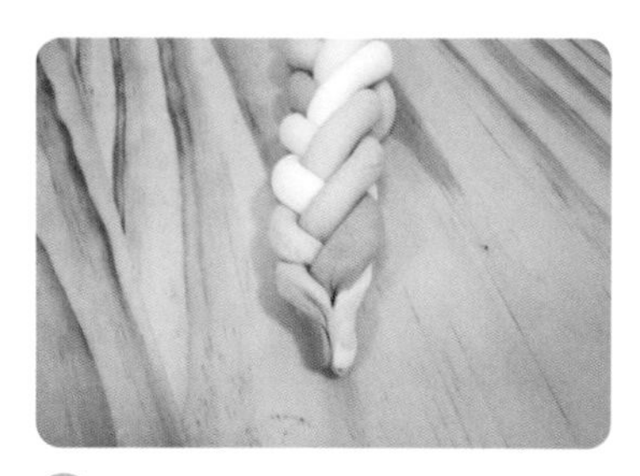

⑯ 將尾端捏合捏緊。

⑰ 用手將兩端搓成尖形。

D. 最後發酵

⑱ 將捲好的麵團放在烘焙紙上，做最後發酵。請參考 P.12「成功做饅頭包子」的「最後發酵」過程。

E. 蒸製

⑲ 最後發酵完成後，依 P.12「成功做饅頭包子」的「蒸製」過程，將麵團放入蒸籠內蒸製 12 分鐘，蒸好後立刻置於涼架上放涼。

漢克老師小學堂

繽紛色彩的造型花捲

饅頭的顏色真的不是單一的，利用天然的色粉，就可以製造出各種顏色的成品，加上一點想像力，就能讓饅頭有不同的形狀出現。也許不需要太複雜的花樣，光光是線條，就能做出許多不一樣的造型。像是漢克老師在第一本著作——《花樣饅頭花捲與包子》一書中 P.110 的〈繡球花捲〉也是運用線條麵團編織出來的。

黑糖芋泥捲

份數
10 個

材料

麵團

- 中麵筋粉............ 400 克
- 速溶酵母................ 4 克
- 滾水..................... 170 克
- 黑糖....................... 50 克
- 沙拉油................... 10 克

內餡

- 芋泥..................... 320 克

做法

A. 製作芋泥餡

1 依 P.12「內餡大集合」之「銷魂的甜餡」製作芋泥餡，並將芋泥餡分成每 40 克一顆備用。

B. 準備黑糖水

2 黑糖倒入 170 克的滾水中，攪拌至沒有顆粒，冷卻備用。

C. 攪拌

3 將所有材料放入缸盆中，並依 P.12「成功做饅頭包子」的「攪拌」過程，將材料拌至沒有水分。

D. 揉製

4 依 P.12「成功做饅頭包子」的「揉製」過程，將麵團揉至光滑。

E. 整型

5 將光滑的麵團直接揉成長條，並將長條麵團切成每個 80 克大小的小麵團。

6 將小麵團擀成長橢圓形，並於下方用刮板每 5mm 壓一刀。

7 壓條的尾端刷少許的水以利黏合，放上 40 克的芋泥，由上往下捲起。

F. 最後發酵

8 將捲好的麵團放在烘焙紙上，做最後發酵。請參考 P.12「成功做饅頭包子」的「最後發酵」過程。

F. 蒸製

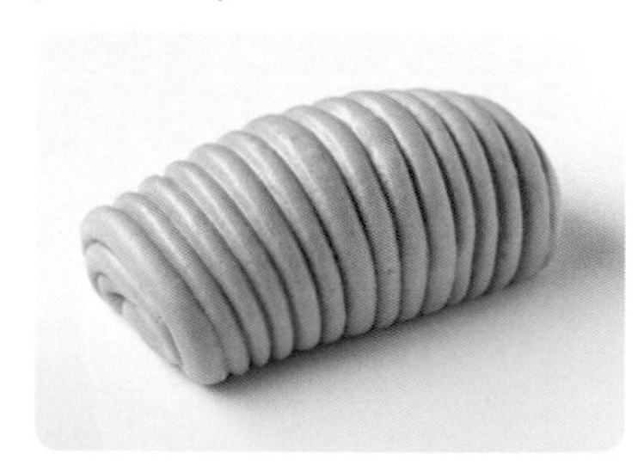

9 依 P.12「成功做饅頭包子」的「蒸製」過程，將麵團放入蒸籠內蒸製 15 分鐘，蒸好後立刻置於涼架上放涼。

紫薯花捲

份數

8 個

材料

麵團

中麵筋粉............ 400 克
速溶酵母................ 4 克
蝶豆花水............ 190 克
細砂糖.................. 30 克
沙拉油.................. 10 克

內餡

番薯泥................ 100 克
綠豆沙泥.............. 80 克
奶油...................... 30 克
二砂糖.................. 20 克

做法

A. 製作番薯綠豆餡

1 依 P.12「內餡大集合」之「銷魂的甜餡」製作番薯綠豆餡，並將番薯綠豆餡分成每 20 克一顆備用。

B. 製作蝶豆花水

2 取 30 克乾燥蝶豆花，置於 200 克的滾水中，浸泡約 20 分鐘，取 190 克蝶豆花水備用。

C. 揉製

3 將麵團所有材料放入缸盆中，依 P.12「成功做饅頭包子」的「攪拌」與「揉製」過程，將麵團揉至光滑。

D. 整型

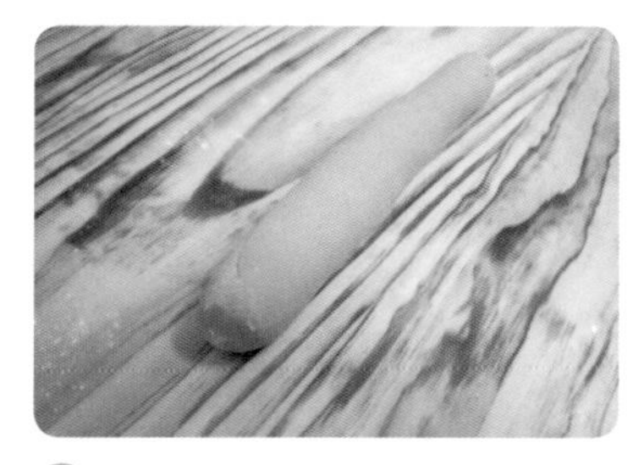

4 將光滑的麵團直接揉成長條。

5 並將長條麵團切成每個 60 克大小的小麵團，滾圓備用。

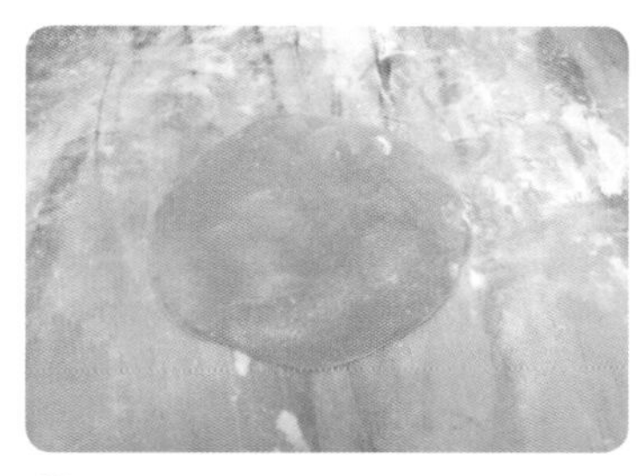

6 小圓麵團用手壓扁，以擀麵棍擀成圓形麵片。

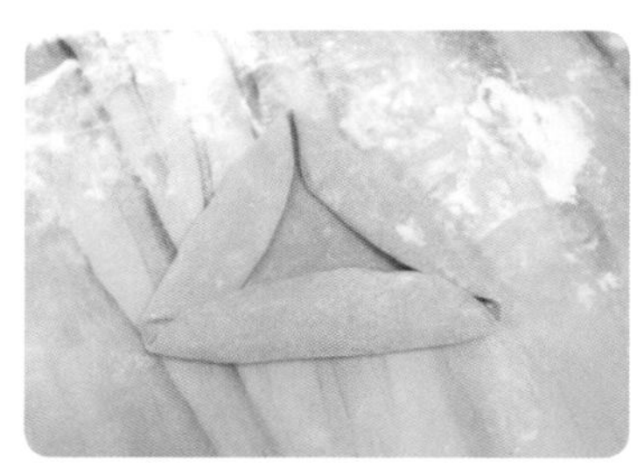

7 將圓麵皮往內折成三角形。

8 將麵皮翻面，放入 20 克的番薯綠豆餡。

9 將三個尖角拉起黏合。

做法

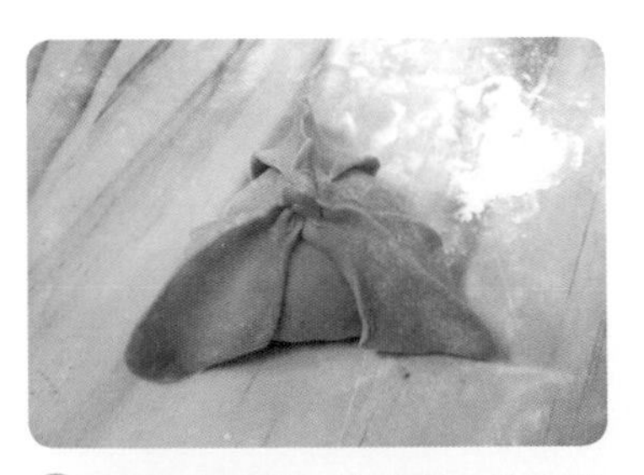

⑩ 再將水滴形（如圖）部分的麵皮捏緊。

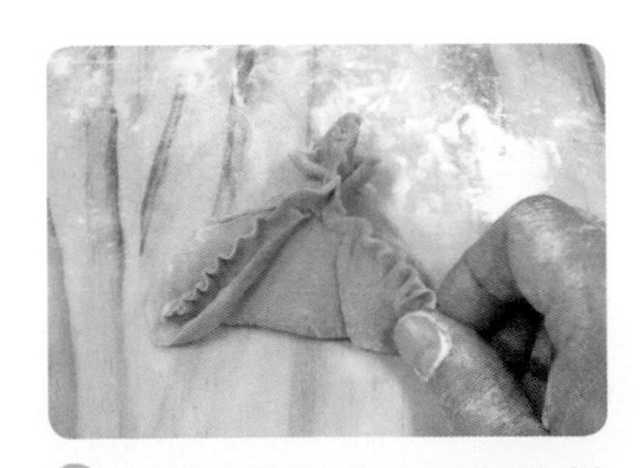

⑪ 用食指跟拇指上下捏出皺摺。

⑫ 再將底部的三角形折回來。

E. 最後發酵

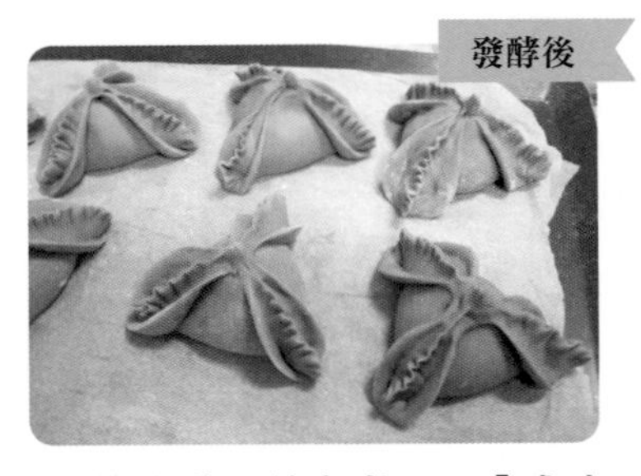

⑬ 將捲好的麵團放在烘焙紙上，做最後發酵。請參考 P.12「成功做饅頭包子」的「最後發酵」過程。

F. 蒸製

⑭ 最後發酵完成後，依 P.12「成功做饅頭包子」的「蒸製」過程，將麵團放入蒸籠內蒸製 12 分鐘，蒸好後立刻置於涼架上放涼。

漢克老師小學堂

巧手做出夢幻紫色

想要做出這種夢幻般的紫色，除了使用蝶豆花水外，讀者也可使用「梔子花紫色粉」（P.82 榨菜肉包）、「紫心甘薯粉」或是「山藥粉」，至於顏色的深淺，則得視個人喜好嘗試，尤其有些色粉，加在麵團上時非常美麗，但蒸完之後，顏色卻變了樣。因此要多試驗幾次，才能做出理想的顏色。

漢克老師小學堂

調色家族的新星—蝶豆花

文 / 編輯部

Q 什麼是蝶豆花？

A 學名為 Clitoria ternatea，又叫作藍豆，為豆科蝶豆屬的植物。原產於亞洲熱帶地區，目前非洲、美洲和澳大利亞也有引進。近幾年也在台灣栽種成功。

蝶豆花的葉子為深綠色橢圓形，美麗迷人的花朵，通常是紫藍色，偶有白色的變種花色。雖然每朵花只開一天，但是花開花謝，幾乎每天都有花可賞。花期極長，是藤類花卉中的新星商品。

圖片提供 / 許美玲

Q 蝶豆花有什麼特色？

A 近年來在台灣最紅的產品之一，特別是在飲品界，吹起一股漸層飲料風潮，透過蝶豆花可以做出或藍或紫的漸層色澤，美麗吸睛，引起民眾一陣排隊購買風潮。

蝶豆花鮮艷的藍色來自於富含的花青素，比起一般植物有高達 10 倍花青素，具有著抗氧化的效果，可當作天然的染色劑，還能保護眼睛，有助改善近視、夜盲症、視網膜病變、毛細血管脆弱等問題，頗具護眼效果。

Q 蝶豆花的色素如何萃取？

A 家裡若是有種植，則可以直接摘取花朵用清水煮沸即可。新鮮的蝶豆花萃煮，顏色最鮮艷。至於乾燥花萃取出來顏色較差。蝶豆花汁遇到酸，會轉變成紫色甚至紫紅色，這也是茶飲店常常將稀釋過的花汁加入適量的檸檬汁、糖水做成紫色的夢幻飲品。

Q 蝶豆花哪裡買得到？

A 新鮮的蝶豆花最好，如果家中無法種植，可以到烘焙材料行或販售乾燥香草的店家購得。

Q 蝶豆花如何運用？

A 蝶豆花被當成是一種天然食用色素。從植栽上摘下，用清水煮沸就有藍色的花汁。東南亞大多用在米飯上，台灣則運用在飲料、烘焙或料理上，諸如調製漸層飲料、蛋糕、麵包、饅頭，甚至是麵條都可。

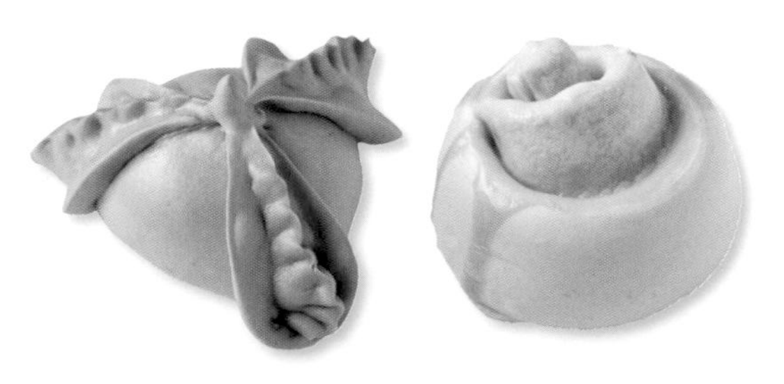

繽紛熱狗捲

材料

中筋麵粉............600 克
速溶酵母..................6 克
細砂糖..................20 克
沙拉油..................15 克
水..........................300 克
紅麴粉......................3 克
薑黃粉......................3 克
抹茶粉......................3 克

做法

A. 製作各色麵團

1 將所有材料（紅麴粉、薑黃粉、抹茶粉除外）放入缸盆中，依 P.12「成功做饅頭包子」的「攪拌」與「揉製」過程，將麵團揉至光滑。

2 並將麵團分為三份，每份約 280 克。分別加入色粉，揉至上色及光滑。

B. 整型

3 將各色麵團直接揉成長柱形。

4 將各色的長柱形麵團，各切成數個約 70 克左右的小麵團。

5 將小麵團搓成約 40 公分長條。

6 將長條的前後兩端抹些水，繞在熱狗上約四到五圈即可。

C. 最後發酵

發酵前

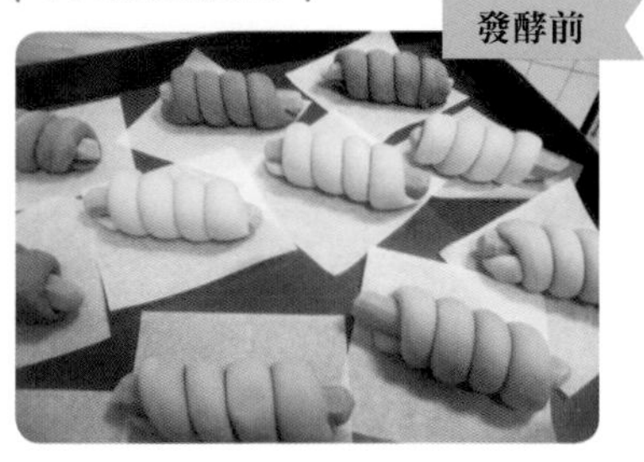

發酵後

7 將捲好的麵團放在烘焙紙上，做最後發酵。請參考 P.12「成功做饅頭包子」的「最後發酵」過程。

D. 蒸製

8 最後發酵完成後，依 P.12「成功做饅頭包子」的「蒸製」過程，將麵團放入蒸籠內蒸製 12 分鐘，蒸好後立刻置於涼架上放涼。

三色花環捲

份數

7個

材料

中筋麵粉	400克
速溶酵母	4克
細砂糖	20克
沙拉油	10克
水	200克
紅麴粉	3克
薑黃粉	3克

做 法

A. 攪拌

1 將所有材料（紅麴粉、薑黃粉除外）放入缸盆中。

2 依 P.12「成功做饅頭包子」的「攪拌」過程，將材料拌至沒有水分。

3 再用手將所有材料搓到成團備用。

B. 揉製

4 依 P.12「成功做饅頭包子」的「手工揉製」或「攪拌機揉製」過程，將麵團揉至光滑。

5 揉製好的麵團，建議可以蓋上保鮮膜或塑膠袋，再鬆弛約 3 ～ 5 分鐘。

6 將揉至光滑的麵團，分為三份，每份約 200 克。分別加入色粉，揉至上色及光滑。

做法

C. 整型

7 將每個麵團擀成麵皮，切掉四周，成為大小相同的長方形麵皮。

8 將麵皮各切成等份的麵片。

9 將切好的麵片搓成長約 40 公分的長條狀。

10 長條麵團抹上些許的水，將三種不同顏色的麵團疊在一起，頭尾捏緊。

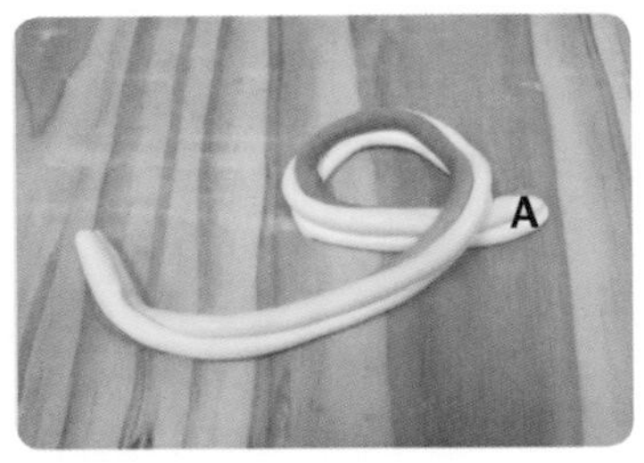

11 先將麵團打一個結，A 處的麵團不要留太多。

12 再將左邊的麵團自 B 處穿出，與 A 處捏合。

13 將接口朝下，略微整理外形。

做法

⑭ 將剩下的 40 克麵團分別擀成圓麵皮，三種顏色疊在一起。

⑮ 用模具壓出花形。

D. 最後發酵

⑯ 將花形麵團放在花環上，置於烘焙紙上，做最後發酵。請參考 P.12「成功做饅頭包子」的「最後發酵」過程。

E. 蒸製

⑰ 最後發酵完成後，依 P.12「成功做饅頭包子」的「蒸製」過程，將麵團放入蒸籠內蒸製 12 分鐘，蒸好後立刻置於涼架上放涼。

漢克老師小學堂

繽紛色粉

色粉能讓饅頭的顏色變得繽紛，不再只有唯一的白色。

近幾年食安的重視，讓許多人想以天然的食用色素取代五彩繽紛的化學色素。只要在麵團上加入些許的天然食用色素，麵團就有變化，色粉使用的多寡，顏色自然有其深淺不同。

當然除了使用天然食用色粉，直接使用蔬果亦能做出有顏色的麵團，但是因為蔬果有水分，因此加入時要小心。如果家中有烘果機，也可將蔬果烘乾後，用調理機打成粉，也很實用。

饅頭捲
蝶豆起司

份數
8 個

材料

麵團

中筋麵粉........... 500 克
細砂糖................ 30 克
速溶酵母................ 6 克
沙拉油................ 10 克
水...................... 125 克
蝶豆花水........... 125 克

內餡

起司片..................... 4 片
火腿片..................... 4 片

做法

A. 製作蝶豆花水

1 取 30 克乾燥蝶豆花，置於 200 克的滾水中，浸泡約 20 分鐘，取 125 克蝶豆花水備用。

B. 揉製

2 將麵團材料中的中筋麵粉、細砂糖、速溶酵母、沙拉油分成 2 份，分別放入缸盆中，分別加入蝶豆花水及一般的水，依 P.12「成功做饅頭包子」的「攪拌」與「揉製」過程，將白色及藍色麵團揉至光滑。

C. 整型

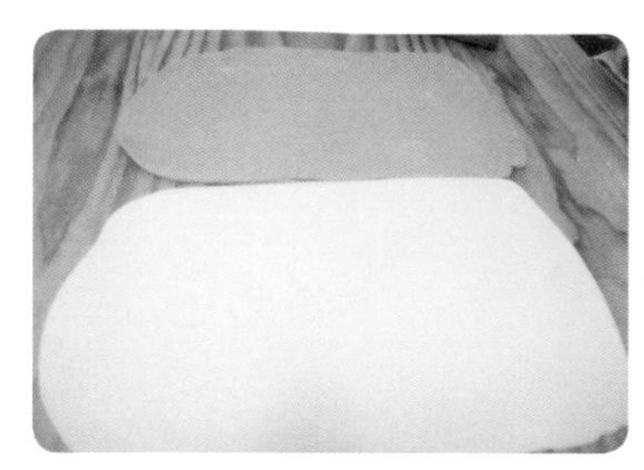

3 將麵團分別擀成長方形。

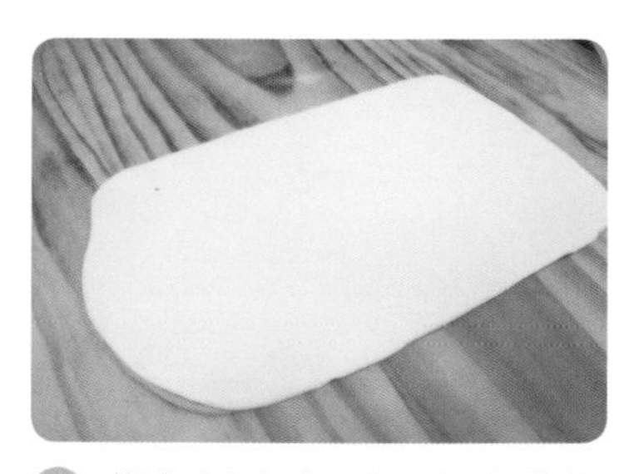

4 藍色麵皮表面刷上少許的水，將白色麵皮鋪上。

5 擺上起司片跟火腿片，沒有鋪上之處，刷上水以利於黏合。

6 從起司片那一頭開始捲起成長柱狀。

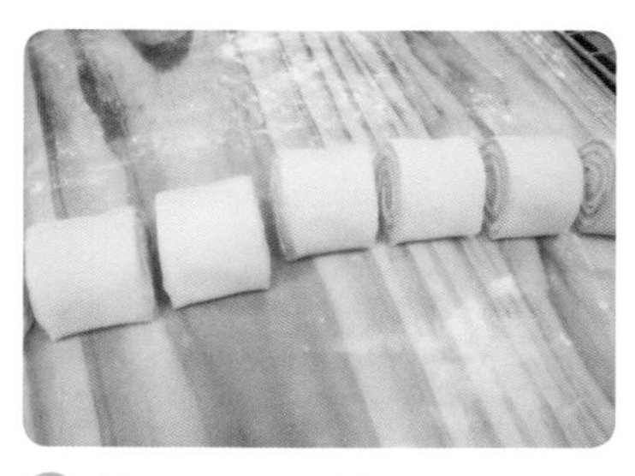

7 每 5 ～ 6 公分切一刀。

D. 最後發酵

8 將切好的麵團放在烘焙紙上，做最後發酵。請參考 P.12「成功做饅頭包子」的「最後發酵」過程。

E. 蒸製

9 最後發酵完成後，依 P.12「成功做饅頭包子」的「蒸製」過程，將麵團放入蒸籠內蒸製 12 分鐘，蒸好後立刻置於涼架上放涼。

雙色花捲

材料

麵團

- 中筋麵粉............ 600 克
- 速發酵母................ 6 克
- 細砂糖.................. 20 克
- 水......................... 300 克
- 油........................... 15 克
- 紅麴粉..................... 5 克

做法

A. 揉製

1 將所有材料（紅麴粉除外）放入缸盆中，依 P.12「成功做饅頭包子」的「攪拌」、「揉製」過程，將麵團揉至光滑。將揉至光滑的麵團分為兩份。其中一份加入紅麴粉，揉至上色及光滑。

B. 整型

2 依 P.12「成功做饅頭包子」的「整型」過程，將麵團分別完成三次的擀壓過程，並將麵團擀成長方形麵皮。

3 將麵皮分別折成三折。

4 每 2.5 公分寬切一刀。

5 紅白相交，四個疊在一起，並用筷子從中間壓下。

6 手抓住上下兩端，拉長後，扭轉 180 度。

7 再將上面兩端捏緊。

C. 最後發酵

8 將捲好的麵團放在烘焙紙上，做最後發酵。請參考 P.12「成功做饅頭包子」的「最後發酵」過程。

D. 蒸製

9 最後發酵完成後，依 P.12「成功做饅頭包子」的「蒸製」過程，將麵團放入蒸籠內蒸製 12 分鐘，蒸好後立刻置於涼架上放涼。

盤絲煎捲

份數
9個

材料

- 中筋麵粉............ 400 克
- 速溶酵母................ 4 克
- 南瓜泥................ 200 克
- 細砂糖.................. 10 克
- 沙拉油 A................ 5 克
- 沙拉油 B............... 適量

做法

A. 攪拌揉製

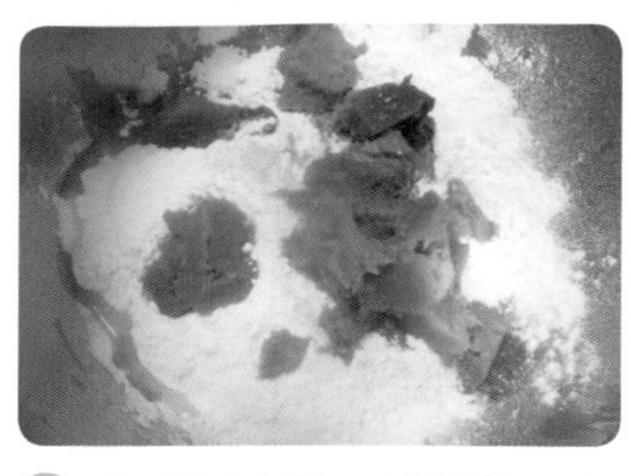

1 南瓜切小片，電鍋放一杯水，將南瓜蒸熟放涼後，將所有材料（沙拉油 B 除外）放入缸盆中。

2 依 P.12「成功做饅頭包子」的「攪拌」與「揉製」過程，將麵團揉至光滑。

B. 整型

3 依 P.12「成功做饅頭包子」的「整型」過程，將麵團完成三次的擀壓過程，並將麵團擀成長方形麵皮，抹上沙拉油。

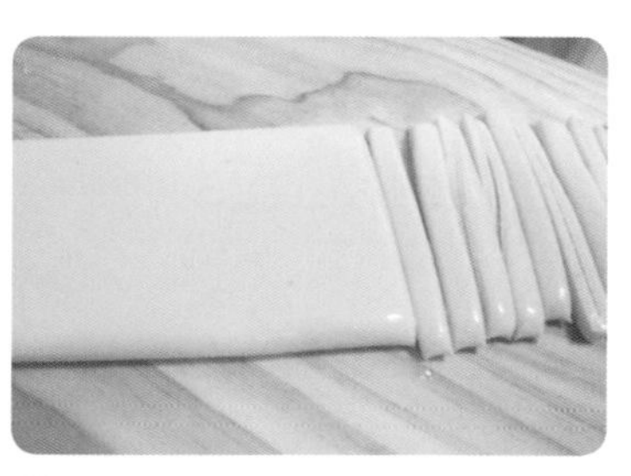

4 將長方形麵皮折三折，每 0.5 公分切一刀。

5 取 5 條為一組，將麵皮拉長至 50 公分。

6 抓住麵皮兩端，頭尾反方向扭轉，如蚊香般盤起。

7 將尾端塞在正中間，再用手壓扁。

C. 最後發酵

8 將捲好的麵團放在烘焙紙上，做最後發酵。請參考 P.12「成功做饅頭包子」的「最後發酵」過程。

D. 煎製

9 最後發酵完成後，於平底鍋放少許油，將花捲放入，以小火煎至兩面金黃即可。

烤饅頭花捲

份數
10個

材料

中筋麵粉............300克
低筋麵粉............100克
速溶酵母................4克
奶粉......................25克
水........................210克
細砂糖..................60克
無鹽奶油..............10克

表面刷料

無鹽奶油..............適量
蛋.........................1顆

做 法

A. 攪拌揉製

1 將所有材料（無鹽奶油除外）放入缸盆中，依 P.12「成功做饅頭包子」的「攪拌」與「揉製」過程，將麵團揉至光滑。

B. 融化奶油

2 將無鹽奶油融化備用。

C. 整型

3 依 P.12「成功做饅頭包子」的「整型」過程，將麵團完成三次的擀壓過程，並將麵團擀成長方形麵皮，且在麵皮上刷上奶油。

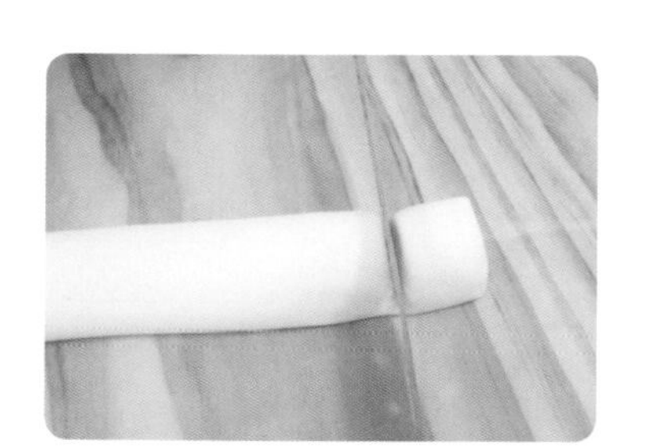

4 將麵皮捲起成長柱體，約每 4 公分切一刀，成數個小麵團。

5 兩兩疊在一起，以筷子從中間壓下抽出，壓下的前後兩端用手往下捏合。

D. 最後發酵

6 烤盤刷上融化奶油，將捲好的麵團放在烤盤上，做最後發酵。請參考 P.12「成功做饅頭包子」的「最後發酵」過程。

E. 烘烤

7 預熱烤箱至攝氏 180℃，待最後發酵完成後，在麵團上方抹上蛋汁，將烤盤放入烤箱烘烤約 18 分鐘至表面金黃酥脆即可。

TIPS

這款就是以前很流行的上海烤饅頭，熱潮過後，想再試試那個滋味，不妨自己動手做。成品要趁熱吃，口感最好，放涼或冷藏，口感會變硬。如有上述情形，在表面噴些水，將烤箱先預熱 150～180°C，烘烤 3～4 分鐘就會恢復美味。

香蔥大餅

材料

麵團
中筋麵粉 125 克
老麵....... 600 克
細砂糖..... 30 克
鹼水........... 1 克

內餡
豬油......... 30 克
蔥花....... 100 克
鹽............. 10 克

表面材料
白胡椒粉... 3 克
白芝麻..... 50 克

做法

A. 攪拌揉製

1 將麵團所有材料放入缸盆中，依 P.12「成功做饅頭包子」的「攪拌」與「揉製」過程，將麵團揉至光滑。

2 將麵團分成 2 份。

B. 製作內餡

3 將內餡材料放入盆中拌勻備用。

C. 整型

4 以擀麵棍將麵團擀成直徑約 15 公分的麵皮，將內餡放入。

5 小心將內餡包好，收口捏緊，鬆弛 20 分鐘。

6 將鬆弛好的麵團收口朝下，表面抹上少許的水，沾上白芝麻，再鬆弛約 20 ～ 30 分鐘。

D. 煎製

7 平底鍋沾少許的油，用紙巾擦至略微看到油狀。

8 開微火，放入大餅，沾芝麻的那面先朝下。蓋上鍋蓋燜 8 分鐘後，做第一次翻面。

9 因為餅很厚，所以要開微火慢慢煎烤，火太大很容易將表面煎焦。第一次翻面後，蓋上鍋蓋再燜 8 分鐘，再做第二次翻面，再燜 4 ～ 5 分鐘即可。

培根香蔥捲

材料

麵團

中筋麵粉............ 400 克
速溶酵母................ 4 克
水........................ 200 克
細砂糖.................. 10 克
沙拉油.................... 5 克
梔子花紫色粉........ 6 克

內餡

培根........................ 3 片
蔥花........................ 5 根
鹽.......................... 10 克
胡椒粉.................... 3 克
沙拉油.................. 適量

做 法

A. 攪拌揉製

1 將所有材料（梔子花紫色粉除外）放入缸盆中，依 P.12「成功做饅頭包子」的「攪拌」、「揉製」過程，將材料攪拌均勻，搓到成團備用。

2 將揉至光滑的麵團，分為兩份，其中一份加入色粉，揉至上色及光滑。

B. 整型

3 依 P.12「成功做饅頭包子」的「整型」過程，將麵團分別完成三次的擀壓過程，並將麵團擀成長方形麵皮。

4 紫色麵皮刷上少許的水，將白色麵皮鋪上。

5 在麵皮上方抹上沙拉油，撒上鹽、胡椒粉，鋪上蔥花及培根末。

6 將麵皮捲成長柱狀，每 3 公分切一刀，切成數個麵團。

7 兩個麵團切面相對，用筷子從麵團中間往內夾緊。

C. 最後發酵

8 將完成的麵團置於烘焙紙上，做最後發酵。請參考 P.12「成功做饅頭包子」的「最後發酵」過程。

D. 蒸製

9 最後發酵完成後，依 P.12「成功做饅頭包子」的「蒸製」過程，將麵團放入蒸籠內蒸製 12 分鐘，蒸好後立刻置於涼架上放涼。

酸菜包

份數 10個

材料

麵團
中筋麵粉 400 克
速溶酵母....4 克
細砂糖......15 克
沙拉油......10 克
水...........200 克
抹茶粉　10 克

內餡
酸菜........250 克
麵輪..........50 克
紅辣椒........2 根
薑末........1 大匙
砂糖..........10 克
醬油..........10 克
胡椒粉........5 克
香油..........10 克

做法

A. 製作內餡

1 依 P.148「內餡大集合」之「吮指的鹹餡」製作酸菜內餡。

B. 攪拌揉製

2 將麵團材料（抹茶粉除外）放入缸盆中，依 P.12「成功做饅頭包子」的「攪拌」與「揉製」過程，將麵團揉至光滑，取出100克麵團與抹茶粉混合，加點水揉至上色及光滑。

C. 整型

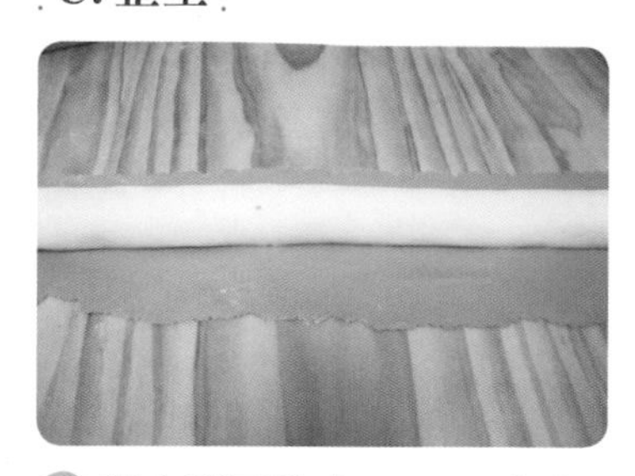

3 將白麵團擀成40×50公分、綠麵團為40×10公分長方形麵皮。再將白色麵皮捲起成40公分長柱形，將長柱形的白麵團放在綠色麵皮上，搓揉結實。

4 將捲好的麵團，切成60克的小麵團，用手掌在麵團中心壓一下，成扁麵團。

5 將壓扁的麵團擀成圓麵皮，放入35克的酸菜內餡。

6 將麵皮對折，將對折邊捏緊，將底部兩端的皮捏在一起。

7 捏合處麵皮由下往上折起再捏緊，重複動作至全部捏好。

D. 最後發酵

8 將捏好的包子放在烘焙紙上做最後發酵。請參考 P.12「成功做饅頭包子」的「最後發酵」過程。

E. 蒸製

9 最後發酵完成後，依 P.12「成功做饅頭包子」的「蒸製」過程，將麵團放入蒸籠內蒸製12分鐘，蒸好後立刻置於架上放涼。

咖哩包

份數
10個

材料

麵團
中筋麵粉............ 400 克
薑黃粉.................... 1 克
水........................ 200 克
速溶酵母................ 4 克
沙拉油.................. 10 克
細砂糖.................. 15 克

內餡
咖哩肉餡............ 300 克

做 法

A. 製作內餡

1 依 P.148「內餡大集合」之「吮指的鹹餡」製作咖哩內餡，取 300 克備用。

B. 攪拌揉製

2 將麵團所有材料放入缸盆中，依 P.12「成功做饅頭包子」的「攪拌」與「揉製」過程，將麵團揉至光滑。

C. 整型

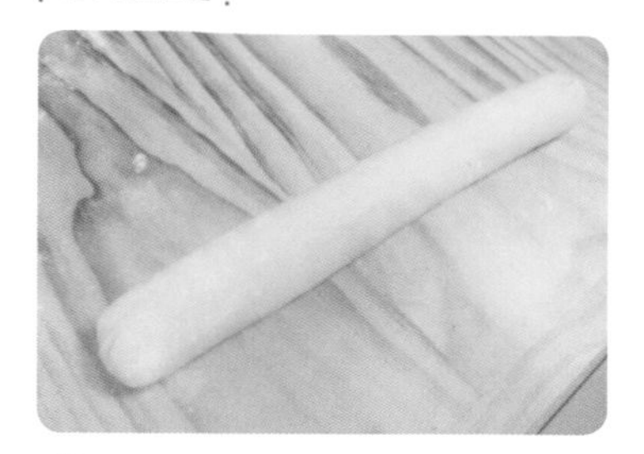

3 揉至光滑的麵團直接揉成長柱形。

4 切成每個 60 克大小的小麵團。

5 小麵團用手掌略微壓平後，用擀麵棍擀成圓薄狀。

6 將 30 克咖哩內餡放入，將麵皮對折，將對折邊捏緊。

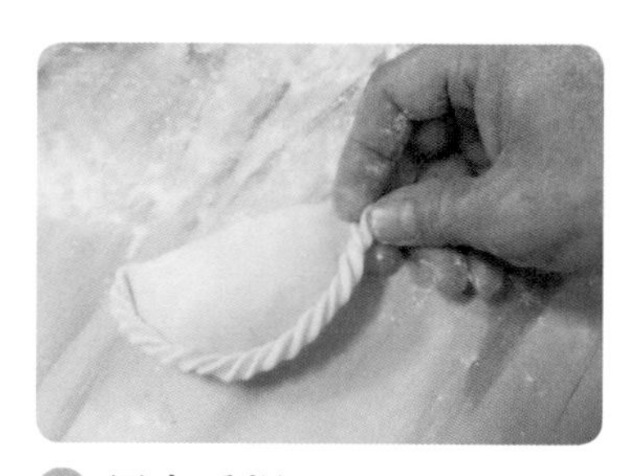

7 用右手拇指把朝下的麵皮往上翻，與旁邊的麵皮捏合即可。

折法示範影片！

D. 最後發酵

8 將捏好的包子放在烘焙紙上做最後發酵。請參考 P.12「成功做饅頭包子」的「最後發酵」過程。

E. 蒸製

9 最後發酵完成後，依 P.12「成功做饅頭包子」的「蒸製」過程，將麵團放入蒸籠內蒸製 12 分鐘，蒸好後立刻置於架上放涼。

香菇包

份數
10個

材料

麵團
中筋麵粉............ 400 克
水........................ 200 克
速溶酵母............... 4 克
油.......................... 10 克
糖.......................... 15 克

香菇紋路沾料
可可粉................... 10 克
水.......................... 30 克

內餡
紅豆沙................ 350 克

做法

A. 製作紅豆餡

1 依 P.148「內餡大集合」之「銷魂的甜餡」製作紅豆餡，並將紅豆餡分成每 35 克一顆備用。

B. 揉製

2 將所有材料放入缸盆中。

3 依 P.12「成功做饅頭包子」的「攪拌」過程，將材料拌至沒有水分。

4 再用手將所有材料搓到成團備用。

B. 揉製

5 依 P.12「成功做饅頭包子」的「揉製」過程，將麵團揉至光滑。

C. 整型

6 將揉至光滑的麵團，揉成長柱形，先切數個約 60 克大小的麵團，剩下的麵團再揉長條，等距切成長段，揉成香菇蒂頭狀備用。

7 將 60 克麵團用手壓扁，以擀麵棍由外向內擀成外薄內厚的圓形麵片。

8 將紅豆餡置於麵片上方。

9 用手直接將麵皮往上推，將麵皮全包住，捏緊後，收口朝下。

做法

D. 製作香菇紋路

10 將可可粉加水，攪拌均勻備用。

11 將香菇紋路沾料的材料混合均勻，將沾料均勻刷在包好的包子上。

TIPS

只塗在包了紅豆餡的蕈蓋上。香菇蒂頭不用塗喲塗得時後要盡量塗厚塗滿，這樣出來的裂紋才會好看。

E. 最後發酵

12 將刷好沾料的香菇包放在烘焙紙上，與香菇蒂頭麵團一起做最後發酵。請參考 P.12「成功做饅頭包子」的「最後發酵」過程。

F. 蒸製

13 依 P.12「成功做饅頭包子」的「蒸製」過程，將麵團放入蒸籠內蒸製 12 分鐘，蒸好後立刻置於涼架上放涼。

G. 組合

14 將完成的香菇包翻開，用刀子在底部挖出不大於蒂頭的孔洞，將蒂頭塞入，香菇包就完成了。

手作的溫度，
讓食物有了幸福的味道。

小籠包

份數 15個

材料

麵團

中筋麵粉............ 200 克
水........................ 100 克
速溶酵母................ 2 克
油............................ 5 克
細砂糖.................. 15 克

內餡

基本肉餡............ 225 克
香蔥...................... 30 克

做法

A. 製作基本肉餡

1 依 P.148「內餡大集合」之「吮指的鹹餡」製作基本肉餡，取 225 克備用，再加入 30 克香蔥攪拌均勻。

B. 攪拌揉製

2 將麵團材料放入缸盆中。

3 依 P.12「成功做饅頭包子」的「攪拌」與「揉製」過程，將麵團揉至光滑。

C. 整型

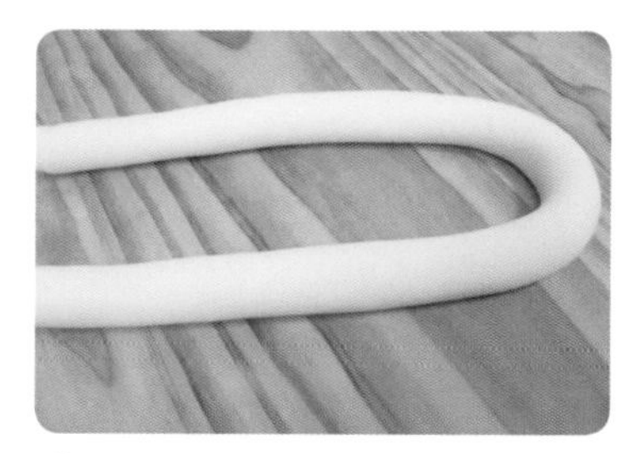

4 揉至光滑的麵團直接揉成長柱形。

5 切成數個 20 克大小的小麵團。

6 將小麵團滾圓後，用手拍扁，以擀麵棍擀成圓麵皮。

7 放上 10 克的內餡。

D. 最後發酵

8 以包包子手法將肉餡包住，放在烘焙紙上做最後發酵。請參考 P.12「成功做饅頭包子」的「最後發酵」過程。

E. 蒸製

9 最後發酵完成後，依 P.12「成功做饅頭包子」的「蒸製」過程，將麵團放入蒸籠內蒸製 10 分鐘，蒸好後立刻置於架上放涼。

叉燒包

材料

麵團
- 中筋麵粉 240 克
- 小麥澱粉（澄粉）.......................80 克
- 速溶酵母......10 克
- 泡打粉..........12 克
- 水...............128 克
- 豬油..............32 克
- 細砂糖..........64 克

內餡
- 叉燒豬肉餡 300 克

A.
- 水...............100 克
- 細砂糖..........28 克
- 醬油..............12 克
- 玉米澱粉........8 克
- 樹薯澱粉........8 克
- 鹽......................1 克
- 沙拉油..........12 克

B.
- 叉燒肉丁 ...160 克

做 法

A. 製作基本肉餡

1 依 P.148「內餡大集合」之「吮指的鹹餡」製作叉燒肉餡，取 300 克備用。

B. 攪拌揉製

2 將麵團材料放入缸盆中，依 P.12「成功做饅頭包子」的「攪拌」與「揉製」過程，將麵團揉至光滑後，發酵 100 分鐘。

3 發酵完成後，麵團會漲為原來的兩倍大，再搓揉成光滑麵團。

C. 整型

4 揉至光滑的麵團直接揉成長柱形。

5 再平均切成 10 個小麵團。

6 將小麵團直接用手壓平為圓麵皮（不用壓得太薄）。

7 放入 30 克內餡，將麵皮往上推，包好後用虎口壓一下，不要包太緊。

D. 蒸製

8 無須最後發酵，直接依 P.12「成功做饅頭包子」的「蒸製」過程，將麵團放入蒸籠內蒸製 12 分鐘，蒸好後立刻置於架上放涼。

竹炭爆漿包

材料

麵團
中筋麵粉............400克
速溶酵母..............4克
細砂糖..................20克
水........................200克
沙拉油..................10克
竹炭粉....................5克

內餡
巧克力醬............300克

做 法

A. 製作巧克力醬球

1 將市售巧克力醬挖出，每30克一顆，手上沾點麵粉滾圓備用（若巧克力醬不夠硬，可以先冷藏後使用）。

B. 攪拌揉製

2 將麵團所有材料放入缸盆中。

3 依P.12「成功做饅頭包子」的「攪拌」與「揉製」過程，將麵團揉至光滑。

C. 整型

4 揉至光滑的麵團直接揉成長柱形。

5 再將長柱形麵團切成每個60克的小麵團。

6 將小麵團滾圓後，用手拍扁，以擀麵棍擀成圓麵皮備用，將揉圓的巧克力球放在圓麵皮上方。

7 用手慢慢將麵皮往上推，將巧克力球包住，收口朝下。

D. 最後發酵

8 整型好的包子麵團，放在烘焙紙上做最後發酵。請參考P.12「成功做饅頭包子」的「最後發酵」過程。

E. 蒸製

9 最後發酵完成後，依P.12「成功做饅頭包子」的「蒸製」過程，將麵團放入蒸籠內蒸製12分鐘，蒸好後立刻置於架上放涼。

雪菜素包

份數
10 個

材料

麵團
中筋麵粉............ 400 克
速溶酵母................. 4 克
細砂糖.................. 15 克
沙拉油...................... 5 克
菠菜水................. 200 克

內餡
雪菜素餡............ 350 克

做法

A. 製作雪菜素餡

1 依 P.148「內餡大集合」之「吮指的鹹餡」製作雪菜素餡，取 350 克備用。

B. 製作菠菜水

2 取菠菜 50 克，加入 200 克的水，以果汁機打成汁液，過濾取 200 克的菠菜水備用。

C. 攪拌揉製

3 將麵團所有材料放入缸盆中，依 P.12「成功做饅頭包子」的「攪拌」與「揉製」過程，將麵團揉至光滑。

D. 整型

4 揉至光滑的麵團直接揉成長柱形。

5 切成數個 50 克大小的小麵團。

6 用手略微壓平後，以擀麵棍擀成外薄內厚的圓形麵皮。

7 包入 35 克的內餡，包成柳葉狀。

包法示範影片！

E. 最後發酵

8 包好內餡的麵團，放在烘焙紙上做最後發酵。請參考 P.12「成功做饅頭包子」的「最後發酵」過程。

F. 蒸製

9 最後發酵完成後，依 P.12「成功做饅頭包子」的「蒸製」過程，將麵團放入蒸籠內蒸製 12 ～ 15 分鐘，蒸好後立刻置於架上放涼。

蛋黃鮮肉包

份數
10 個

材料

麵團
中筋麵粉............... 400g
速溶酵母................... 4g
細砂糖..................... 10g
水........................... 200g
沙拉油..................... 10g

內餡
玉米肉餡 300 ～ 350 克
蛋黃....................... 10 粒

做法

A. 烤熟蛋黃

1 烤箱預熱至 150℃，放入蛋黃烤至出油有香氣即可（約 10 分鐘）。

B. 製作玉米蔥花肉餡

2 依 P.148「內餡大集合」之「吮指的鹹餡」製作玉米蔥花肉餡，取 300 ～ 350 克備用。

C. 攪拌揉製

3 將麵團材料放入缸盆中，依 P.12「成功做饅頭包子」的「攪拌」與「揉製」過程，將麵團揉至光滑，鬆弛 3~5 分鐘。

D. 整型

4 揉至光滑的麵團直接揉成長柱形。

5 切成數個 60 克大小的小麵團後，用手壓平。

6 用擀麵棍擀成圓形。

包法示範影片！

7 放上 30 ～ 35 克的肉餡，再加入一顆蛋黃。

E. 最後發酵

8 以包包子手法將肉餡包住，放在烘焙紙上做最後發酵。請參考 P.12「成功做饅頭包子」的「最後發酵」過程。

F. 蒸製

9 最後發酵完成後，依 P.12「成功做饅頭包子」的「蒸製」過程，將麵團放入蒸籠內蒸製 15 分鐘，蒸好後立刻置於架上放涼。

豆沙破酥包

份數
10個

材料

麵團

油皮

中筋麵粉............ 400 克
速溶酵母................ 4 克
水........................ 210 克
細砂糖.................. 30 克
沙拉油.................. 10 克

油酥

低筋麵粉............ 132 克
豬油........................ 78 克

內餡

紅豆沙................ 300 克

做法

A. 製作紅豆餡

1 依 P.148「內餡大集合」之「銷魂的甜餡」製作紅豆餡，並將紅豆餡分成每 30 克一顆備用。

B. 製作油皮油酥麵團

2 油皮麵團材料放入盆中，攪拌後揉成光滑麵團備用。

3 油酥材料放入盆中，拌勻成團即可，不要搓揉過久，以免變軟不好包。

C. 整型

4 成團的油皮、油酥搓揉成長條狀，油皮切成每個 60 克的小麵團，油酥則切成 20 克的小麵團。

5 油皮小麵團用手壓平，放入一個油酥小麵團。

6 慢慢將麵皮往上收，收口要捏緊，收口向下擺放。

7 將包好的油皮油酥麵團，用手先略微壓平。

8 再用擀麵棍擀成長橢圓形，請小心施力，以免將油皮擀破，導致烘烤時破皮。

做 法

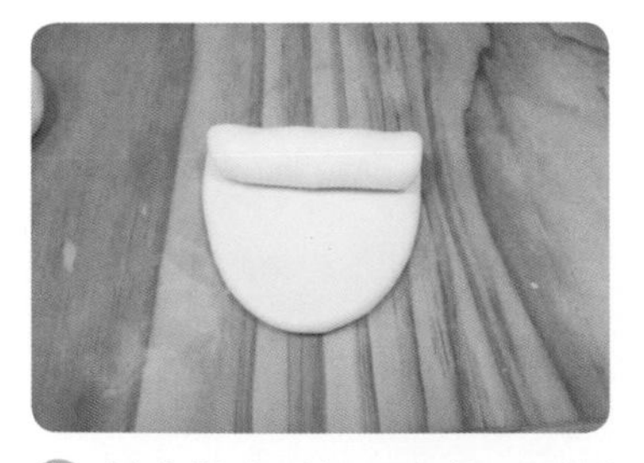

9 麵皮擀成長橢圓形後，再用手把將麵皮推捲起來，接口朝下擺放。

10 擀捲後，將接口朝上，將麵團擺直，用手略微壓平。

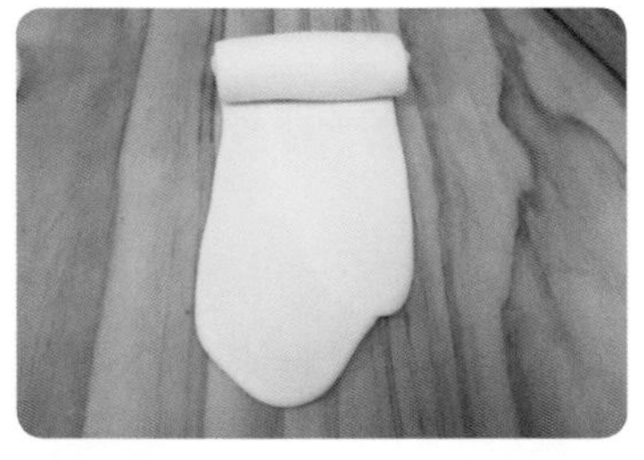

11 慢慢擀成長橢圓形，用手推捲起來。

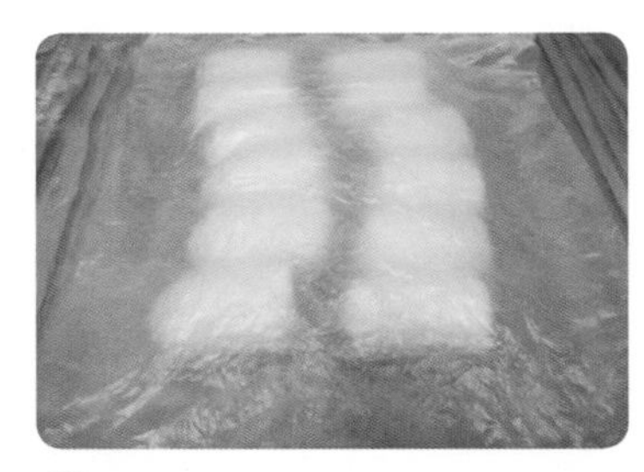

12 捲好後，接口朝下，蓋上塑膠袋或保鮮膜、濕布，鬆弛 15 ～ 20 分鐘。

13 鬆弛過後，將擀好的麵團頭尾捏在一起。

14 略微壓平後，用擀麵棍擀成圓麵皮。

15 略微壓平後，用擀麵棍擀成圓麵皮。

16 將擀好的麵皮翻面，放上 30 克的紅豆餡。

做法

⑰ 以包包子的方式，將紅豆餡包好。

D. 最後發酵

⑱ 將包好內餡的麵團，放在烘焙紙上做最後發酵。請參考P.12「成功做饅頭包子」的「最後發酵」過程。

E. 蒸製

⑲ 最後發酵完成後，依P.12「成功做饅頭包子」的「蒸製」過程，將麵團放入蒸籠內蒸製12分鐘，蒸好後立刻置於架上放涼。

漢克老師小學堂

美味的破酥包

包子是很多人喜愛的平民美食，不論是鬆厚口感 還是皮薄餡多都各有擁護者。但還有一種吃起來層次分明的「破酥包」，反而讓人耳目一新。

甜鹹口味都有的破酥包，是雲南的特色小吃，個頭並不大，透過油皮油酥的反覆擀捲，才能擁有層層分明的麵皮，整個過程相當耗功夫。

在桃園龍岡區，由於雲南、泰、緬居民眾多，所以當地也盛行滇緬美食。當地生產的破酥包有豆沙、鮮肉與筍香口味，鹹餡料吃起來清爽，豆沙餡也不會過甜，但最為人津津樂道的還是麵皮。

運用油皮油酥製作成的破酥包，明確的分層，讓麵皮吃起來較傳統肉包來得鬆，與扎實的饅頭或包子相比，這種獨特的空氣口感，正是破酥包的特色。

梅乾菜肉包

份數
10 個

材料

麵團

中筋麵粉 400 克
速溶酵母 .... 4 克
細砂糖 ...... 10 克
胡蘿蔔汁 200 克
沙拉油 ...... 10 克

裝飾麵團

中筋麵粉 100 克
水 .... 50 克
速溶酵母 .... 1 克
紅麴粉 .... 1 克
抹茶粉 .... 1 克

內餡

梅乾菜肉餡 350 克

做法

A. 製作梅乾菜肉餡

1 依 P.148「內餡大集合」之「吮指的鹹餡」製作梅乾菜肉餡，取 300 ~ 350 克備用。

B. 攪拌揉製

2 將麵團材料、裝飾麵團所有材料（紅麴粉、抹茶粉除外）分別放入缸盆中，依 P.12「成功做饅頭包子」的「攪拌」與「揉製」過程，將麵團揉至光滑。裝飾麵團再分為兩份，加入色粉，揉至上色及光滑。

C. 整型

3 揉至光滑的麵團直接揉成長柱形，並切成數個 60 克的小麵團，用手略微壓扁，再用擀麵棍擀成圓麵皮，放上 35 克的內餡包好，收口朝下。

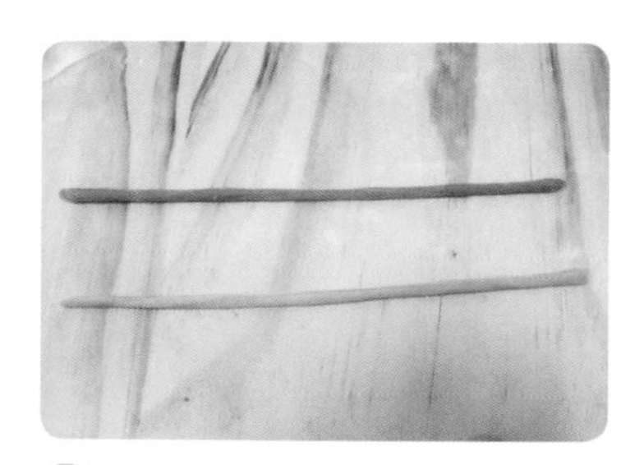

4 裝飾麵團先切出 5 克的小麵團，揉成長條備用。

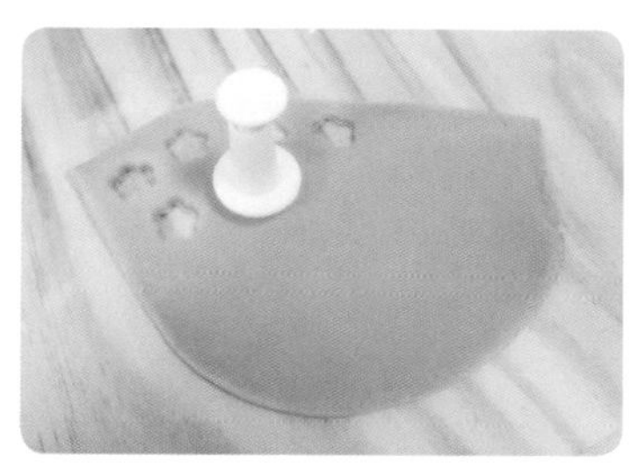

5 剩下的裝飾麵團則擀成紅、綠橢圓形備用，並用模具壓出不同花樣麵皮。

6 將兩色長條麵團交叉放在包子上，兩端收在包子底部壓住。

D. 最後發酵

7 將花樣麵皮互用，貼在包子上，放在烘焙紙上做最後發酵。請參考 P.12「成功做饅頭包子」的「最後發酵」過程。

E. 蒸製

8 最後發酵完成後，依 P.12「成功做饅頭包子」的「蒸製」過程，將麵團放入蒸籠內蒸製 12 分鐘，蒸好後立刻置於架上放涼。

榨菜鮮肉包

份數
10個

材料

麵團
- 中筋麵粉............ 400克
- 速溶酵母................ 4克
- 細砂糖.................. 20克
- 水........................ 200克
- 沙拉油.................. 10克
- 薑黃粉..................... 2克
- 紅麴粉..................... 3克
- 梔子花紫色粉........ 3克

內餡
- 榨菜肉絲餡........... ？克

做 法

A. 製作內餡

1 依 P.148「內餡大集合」之「吮指的鹹餡」製作榨菜肉絲餡，取 350 克備用。

B. 攪拌揉製

2 將所有材料（紅麴粉、薑黃粉、梔子花紫色粉除外）放入缸盆中，依 P.12「成功做饅頭包子」的「攪拌」、「揉製」過程，將麵團揉至光滑。將揉至光滑的麵團分為三等份，分別加入色粉，揉至上色及光滑。

C. 整型

3 揉至光滑的麵團直接揉成長柱形，黃色紅色麵團分別刷上少許水，將紫色麵團放上呈三角椎狀。

4 將黏好的長條麵團揉勻，讓三種麵團貼合，切成數個 60 克的小麵團。

5 將小麵團用手略微壓平，再用擀麵棍擀成圓麵皮。

6 放上 30 克內餡，以金魚嘴造型包起。

D. 最後發酵

7 將包好內餡的麵團，放在烘焙紙上做最後發酵。請參考 P.12「成功做饅頭包子」的「最後發酵」過程。

E. 蒸製

8 最後發酵完成後，依 P.12「成功做饅頭包子」的「蒸製」過程，將麵團放入蒸籠內蒸製 12 分鐘，蒸好後立刻置於架上放涼。

雙色奶酥包

份數
8個

材料

麵團
中筋麵粉............400克
速溶酵母................4克
水........................200克
沙拉油..................10克
細砂糖..................15克
紅麴粉....................5克
內餡
奶酥餡................160克

做法

A. 製作奶酥餡

1 依 P.146「內餡大集合」之「銷魂的甜餡」製作奶酥餡，並將奶酥餡分成每 20 克一顆，放在冰箱冷藏備用。

B. 攪拌揉製

2 將所有材料（紅麴粉除外）放入缸盆中，依 P.12「成功做饅頭包子」的「攪拌」、「揉製」過程，將麵團揉至光滑。將揉至光滑的麵團分為兩份。其中一份加入紅麴粉，揉至上色及光滑。

C. 整型

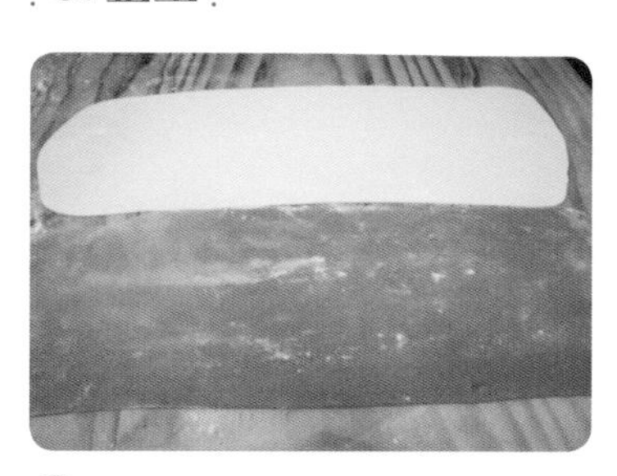

3 依 P.12「成功做饅頭包子」的「整型」過程，將麵團擀成長方形麵皮。

4 麵皮約每 6 公分寬切一刀，再用擀麵棍擀成約 10 公分寬的麵片。白色麵片斜切數刀，兩端不要切斷，紅色麵片沾水備用。

5 將紅色麵片抹水面覆蓋在白色麵片上，放上 20 克揉成長條的奶酥於麵皮上方。

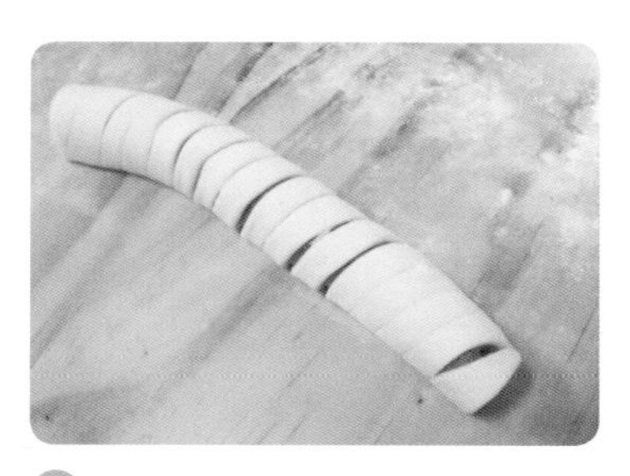

6 從奶酥餡的方向往上捲起，尾端沾點水利於黏合，接合處朝下。

7 將麵團頭尾兩端黏合，其中一個接口弄大且沾點水，將另一端包起。

D. 最後發酵

8 將捲好的麵團放在烘焙紙上，做最後發酵。請參考 P.12「成功做饅頭包子」的「最後發酵」過程。

E. 蒸製

9 最後發酵完成後，依 P.12「成功做饅頭包子」的「蒸製」過程，將麵團放入蒸籠內蒸製 12 分鐘，蒸好後立刻置於涼架上放涼。

鮮肉蔥燒包

份數
····
10個

材料

麵團

中麵麵粉............ 400 克
速溶酵母................ 4 克
水........................ 200 克
細砂糖................... 20 克
沙拉油................... 10 克

內餡

五香豬肉餡........ 250 克
蔥......................... 100 克

粉水材料

中筋麵粉.............. 15 克
水......................... 300 克

做法

A. 製作內餡

1 依 P.148「內餡大集合」之「吮指的鹹餡」製作五香豬肉餡，取 250 克備用，蔥切成蔥花備用。

B. 攪拌揉製

2 將麵團材料放入缸盆中，依 P.12「成功做饅頭包子」的「攪拌」與「揉製」過程，將麵團揉至光滑。

C. 整型

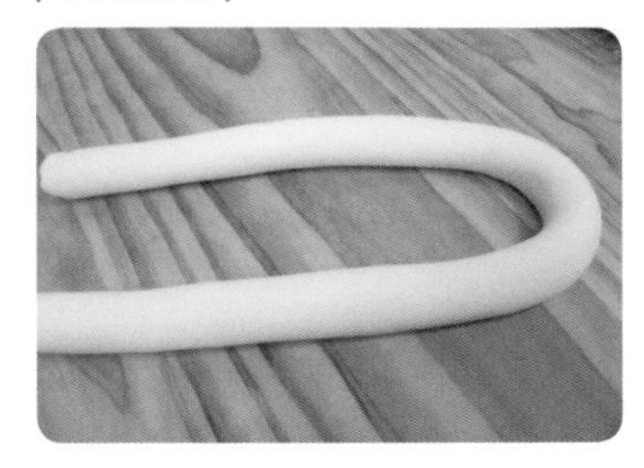

3 揉至光滑的麵團直接揉成長條狀。

4 切成數個 50 克大小的小麵團後，用手壓平，以擀麵棍擀成外薄內厚的圓麵片。

5 包入 25 克五香豬肉餡，再沾上大把的蔥花，以包包子手法將肉餡及蔥花包住。

D. 最後發酵

6 將包好內餡的麵團，放在烘焙紙上做最後發酵。請參考 P.12「成功做饅頭包子」的「最後發酵」過程。

E. 煎製

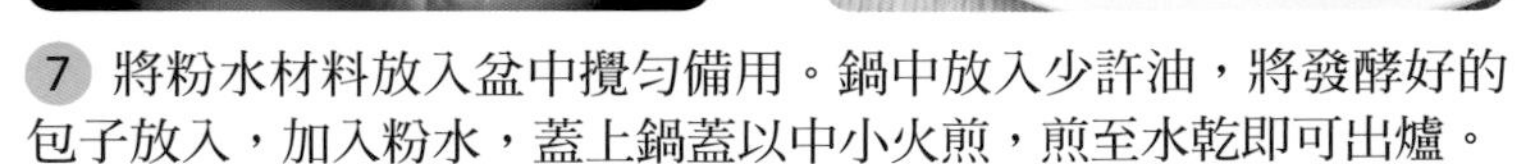

7 將粉水材料放入盆中攪勻備用。鍋中放入少許油，將發酵好的包子放入，加入粉水，蓋上鍋蓋以中小火煎，煎至水乾即可出爐。

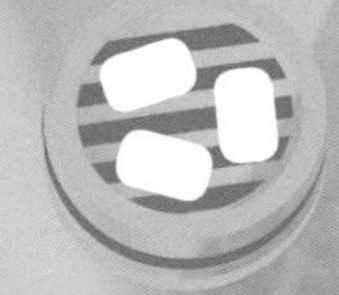

PART 3 水調麵 & 燒餅

麵團擀一擀，肉餡包一包，
花樣做一做，大火蒸一蒸，
烤箱烤一烤，輕輕鬆鬆，
將平凡無奇的麵粉，
做成一個個讓人吃飽也吃巧的~
餃子、餡餅與燒餅！

菠菜水餃

份數

60 個

材料

麵團

中筋麵粉............ 400 克

菠菜汁................ 200 克

鹽............................ 4 克

內餡

高麗菜蔥花豬肉餡.....900 克

做法

A. 製作高麗菜豬肉餡

1 依 P.148「內餡大集合」之「吮指的鹹餡」製作高麗菜豬肉餡，取 900 克備用。

B. 攪拌鬆弛

2 菠菜取 250 克，與 100 克水放入果汁機攪打，瀝渣後取 300 克備用。依 P.23「成功做水調麵」的「攪拌」、「揉製」過程，做好麵團，同時至少鬆弛 20 分鐘以上。

C. 整型

3 將鬆弛好的麵團，揉成長條狀。

4 切成每個 10 克的小麵團。

5 小麵團略微搓圓後，用手壓平，再用擀麵棍擀成直徑約 8 公分的圓麵皮。

水餃皮示範影片！

6 內餡放在圓麵皮上，對折成半圓形，將上緣的麵皮封緊，左右兩端的麵皮黏在一起捏緊，使半圓形微微上翹，此為馬蹄形水餃包法。

7 依 P.95「水餃煮法」煮出好吃的菠菜水餃。

韭菜水餃

份數
60 顆

材料

麵團
中筋麵粉............ 400 克
冷水..................... 200 克
鹽.............................. 4 克

內餡
韭菜肉餡............ 800 克

做法

A. 製作內餡

1 依 P.148「內餡大集合」之「吮指的鹹餡」製作韭菜肉餡（注意：包時才拌入蔥花及韭菜末）。

B. 攪拌鬆弛

2 依 P.23「成功做水調麵」的「攪拌」、「揉製」過程，做好麵團，同時至少鬆弛 20 分鐘以上。

C. 整型

3 將鬆弛好的麵團，揉成長條狀，切成每個 10 克的小麵團，用手壓平，再用擀麵棍擀成圓麵皮（示範影片見 P.91）。

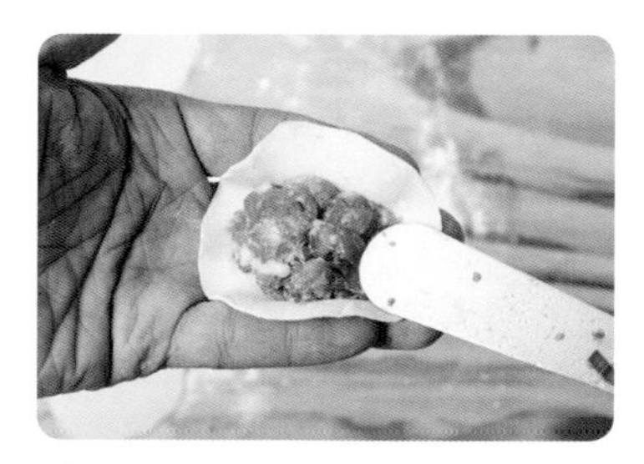

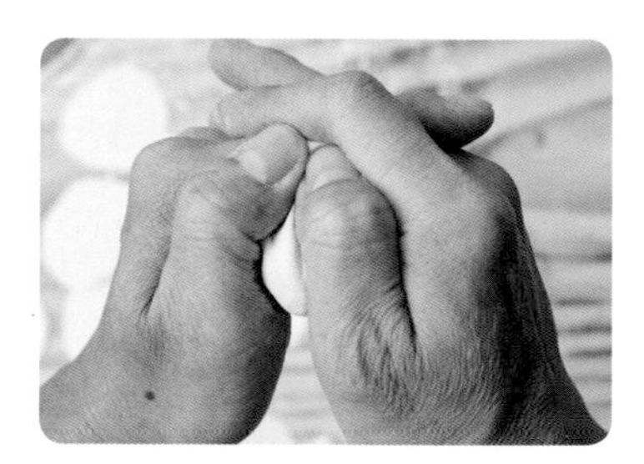

4 將 15 克內餡放入麵皮中，將內餡包好，上緣的麵皮先密合在一起，再利用食指與雙手拇指的力量，將捏合處捏緊。

TIPS

木魚形包法
示範影片！

5 盤子鋪上塑膠袋，待水餃包好，放冰箱冷凍後，就直接包起來，非常方便。

C. 水餃煮法

6 鍋子放足夠的水，以大火煮開，待水滾後放入水餃，蓋上鍋蓋，待水滾再加 1 碗水，總共加三次水，水餃就可以煮熟了。

胡蘿蔔水餃

份數
30 顆

材料

麵團
中筋麵粉............ 200 克
鹽............................ 2 克
胡蘿蔔汁............ 100 克

內餡
蘿蔔絲豬肉餡.... 450 克

做法

A. 製作內餡

1 依 P.148「內餡大集合」之「吮指的鹹餡」製作蘿蔔絲豬肉餡，取 450 克備用。

B. 攪拌鬆弛

2 取 50 克胡蘿蔔，與 120 克水放入果汁機攪打，瀝渣後取 100 克備用。依 P.23「成功做水調麵」的「攪拌」、「揉製」過程，做好麵團，同時至少鬆弛 20 分鐘以上。

C. 整型

3 將鬆弛好的麵團，切成三大塊，分別揉成長條狀，切成每個 10 克的小麵團。

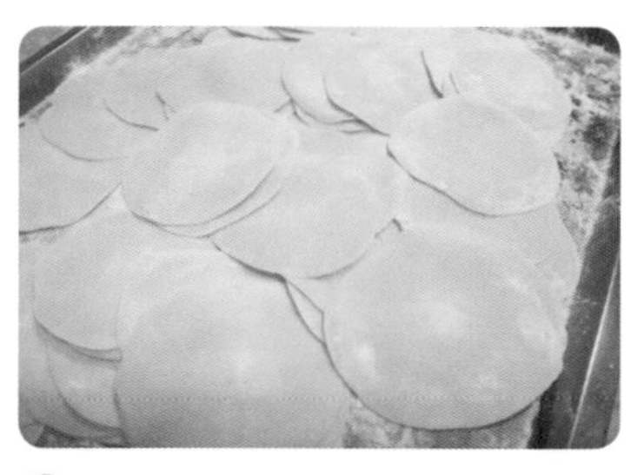

4 小麵團略微搓圓後，用手壓平，再用擀麵棍擀成直徑約 8 公分的圓麵皮（示範影片見 P.91）。

5 將 15 克內餡放入麵皮中，由一端開始捏合，然後一邊麵皮不折，一邊麵皮捏出波浪狀。

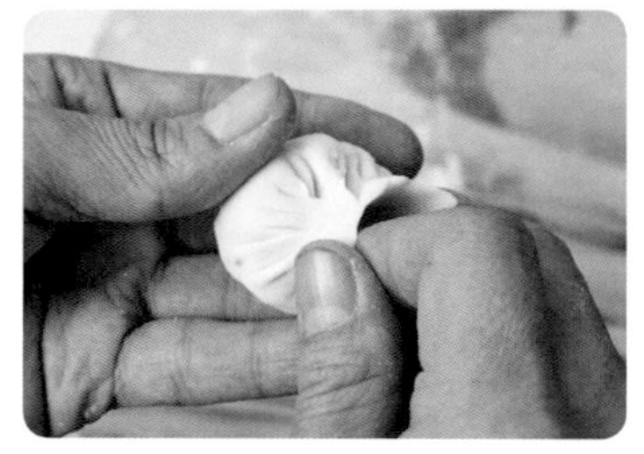

6 並藉由麵皮的折疊，逐漸彎曲餃子的弧度，使餃子呈現微笑形。

玉米鮮肉鍋貼

份數

30 個

材料

麵團

中筋麵粉	300 克
滾水	85 克
冷水	80 克

內餡

玉米肉餡	450 克

粉水

中筋麵粉	15 克
水	300 克
沙拉油	15 克

做 法

A. 製作內餡

1 依 P.148「內餡大集合」之「吮指的鹹餡」製作玉米肉餡。

B. 攪拌鬆弛

2 依 P.23「成功做水調麵」的「攪拌」過程，做好麵團，倒在工作檯上搓揉成光滑麵團，鬆弛 15 ～ 20 分鐘。

C. 整型

3 將鬆弛好的麵團滾成長條狀，切成每個 15 克的小麵團。

4 小麵團略微滾圓後，用手掌壓一下，再用擀麵棍擀成圓麵皮（示範影片見 P.91）。

5 圓麵皮上方放入 20 克玉米肉餡，麵皮上下一拉捏緊即可包好鍋貼，兩端則用手指壓平，可讓水分不流失。

D. 煎製

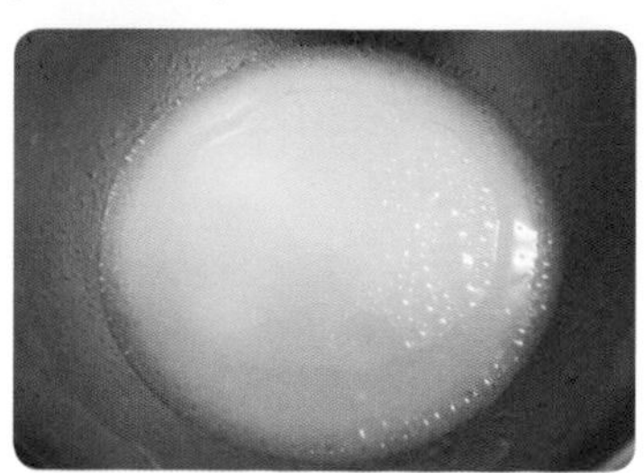

6 將粉水的材料放入碗中，攪拌均勻備用。

7 平底鍋裡放入少許的沙拉油，擺入包好的鍋貼。用中火煎至底部有些焦黃，倒入粉水至鍋貼 1/3 的位置，蓋上鍋蓋。

8 蓋上鍋蓋約 6 分鐘後，打開鍋蓋看水分是否乾了，底部是不是呈焦黃，就可起鍋。

芹菜鮮肉煎餃

份數
30 顆

材料

麵團

中筋麵粉............ 300 克
冷水..................... 150 克

內餡

芹菜蔥花肉餡.... 450 克

粉水

中筋麵粉............. 15 克
水......................... 300 克
沙拉油.................. 15 克

做 法

A. 製作內餡

1 依 P.148「內餡大集合」之「吮指的鹹餡」製作芹菜蔥花肉餡。

B. 攪拌鬆弛

2 依 P.23「成功做水調麵」的「攪拌」過程，然後將麵團倒在桌上搓揉成光滑麵團，鬆弛 10 分鐘。

C. 整型

3 將鬆弛好的麵團，揉成長條狀，切成每個 15 克的小麵團，用手壓平，再用擀麵棍擀成直徑約 8 公分圓麵皮（示範影片見 P.91）。

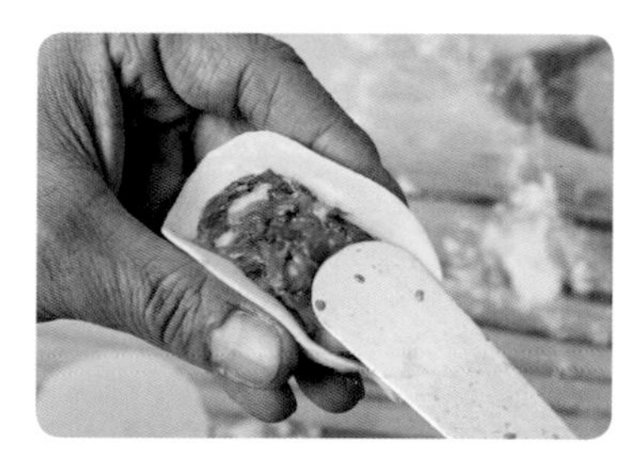

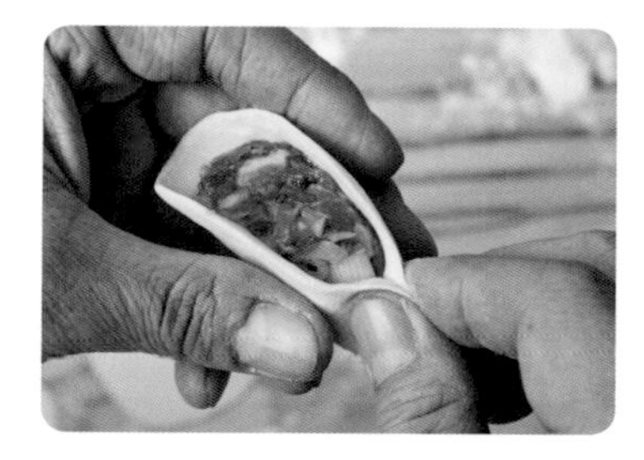

4 將 20 克內餡放入麵皮中，由一端開始捏合，然後一邊麵皮不折，一邊麵皮捏出波浪狀。

5 並藉由麵皮的折疊，逐漸彎曲餃子的弧度，使餃子呈現微笑形。

C. 煎製

6 同 P.96 玉米鮮肉鍋貼的煎製方式，美味煎餃就可以上桌了。

鮮肉湯包

份數
30 顆

材料

麵團

中筋麵粉............ 200 克
冷水.................... 100 克

內餡

湯包肉餡............ 450 克

做法

A. 製作內餡

1 依 P.148「內餡大集合」之「吮指的鹹餡」製作湯包肉餡。

B. 攪拌鬆弛

2 依 P.23「成功做水調麵」的「攪拌」、「揉製」過程，做好麵團，同時至少鬆弛 10 分鐘以上。

C. 整型

3 將鬆弛好的麵團，揉成長條狀，切成每個 10 克的小麵團。

4 將小麵團用手壓平，再用擀麵棍擀成直徑約 8 公分的麵皮。（示範影片見 P.91）

5 依包子的包法，包入 15 克的肉餡，放入蒸籠。

D. 蒸製

6 包子整型完成後，依 P.23「成功做水調麵」的「蒸製」過程，將包子放入蒸籠內蒸製 7～8 分鐘，蒸好後立刻食用。

高麗菜蒸餃

份數

32個

材料

麵團

中筋麵粉............ 200克
滾水..................... 120克
鹽............................. 2克

內餡

高麗菜冬粉肉餡 480克

做 法

A. 製作內餡

1 依 P.148「內餡大集合」之「吮指的鹹餡」製作高麗菜冬粉肉餡，取出 480 克備用。

B. 攪拌鬆弛

2 依 P.23「成功做水調麵」的「攪拌」、「揉製」過程，做好麵團揉至光滑，鬆弛 20 ～ 30 分鐘。

C. 整型

3 將鬆弛好的麵團，揉成長條狀，切成每個 10 克的小麵團，用手壓平，再用擀麵棍擀成直徑約 8 公分圓麵皮（示範影片見 P.91）。

4 將 15 克內餡放入麵皮中，麵皮對折，尾端捏緊，一邊抓起波浪狀麵皮捏緊，另一邊也重複此動作，一左一右重複至最後，將尾巴捏尖即可。

5 依續包出有的蒸餃。

柳葉形包法示範影片！

6 蒸餃整型完成後，依 P.23「成功做水調麵」的「蒸製」過程，將蒸餃放入蒸籠內蒸製 10 分鐘，蒸好後立刻食用。

豆沙鍋餅

材料

麵團

高筋麵粉............ 150 克
蛋............................. 1 顆
水.......................... 200 克
沙拉油................... 15 克

內餡

紅豆沙................. 200 克

做法

A. 製作紅豆餡

1 依 P.146「內餡大集合」之「銷魂的甜餡」製作紅豆餡，並取 200 克備用。

B. 製作麵皮

2 將蛋、高筋麵粉及水放入盆中，攪拌均勻後，再倒入沙拉油拌好備用。

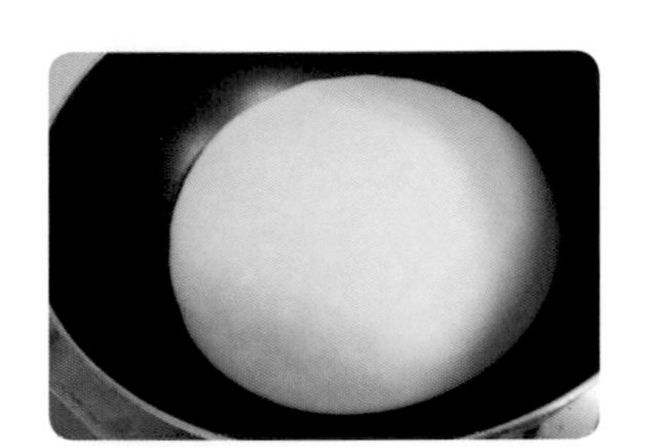

3 平底鍋裡不放油、不開火，先將麵糊倒入鍋中，轉圓薄後，再開中小火烘烤，待麵糊變得透明，即可取出。

C. 整型

4 將豆沙整成適當公分大小的豆沙片。

5 將豆沙片鋪在麵皮上。餅皮周圍可以抹上少許麵糊，然後將餅皮折起，確定餅皮不會鬆開。

D. 煎製

6 平底鍋中放少許的油，放入包好的餅，煎至兩面金黃即可。

蔥油餅

份數
6片

材料

麵團
中筋麵粉......400克
滾水......160克
冷水......120克
鹽......10克
胡椒粉......5克
豬油......適量
蔥花......適量

示範影片！

做 法

A. 製作蔥花

1 將青蔥洗淨，略微晾乾後切成蔥花備用。

B. 製作水調麵團

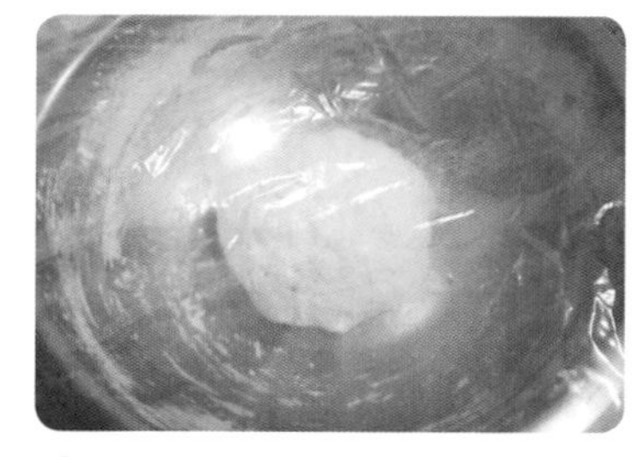

2 依 P.23「成功做水調麵」將麵團攪拌成團，抹上些許沙拉油，蓋上保鮮膜或塑膠袋，鬆弛至少 20 分鐘以上。

C. 蔥油餅製作法 1

3 工作檯上抹上沙拉油，將鬆弛好的麵團擀成一張大麵片。

4 將豬油抹在麵片上，再撒上蔥花。

5 將麵片由上往下捲起。

TIPS

將麵片捲緊些，蔥花才不會掉落。

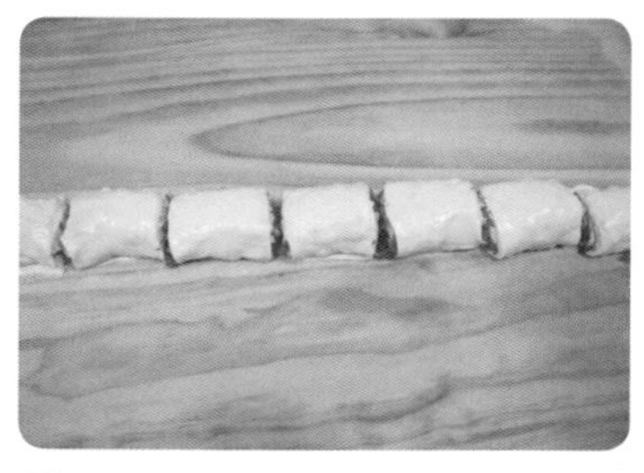

6 捲好後，每 5 公分用刀切成一段，每段約 100 克重。

7 每段均將頭尾各自捏緊，立起壓平。

8 蓋上保鮮膜鬆弛約 15 ～ 20 分鐘。

做 法

D. 蔥油餅製作法 2

9 麵團分割成數個小麵團，每個約重 100 克。

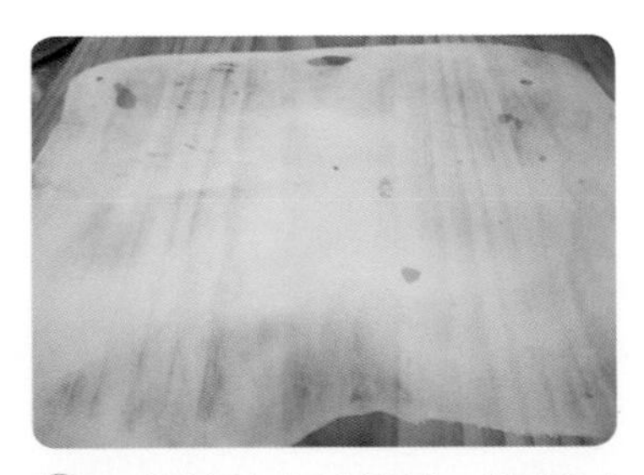

10 工作檯抹上沙拉油，將麵團擀成薄薄的長方形（約 40X50 公分）。

11 撒上蔥花，蔥花無須撒多撒滿。

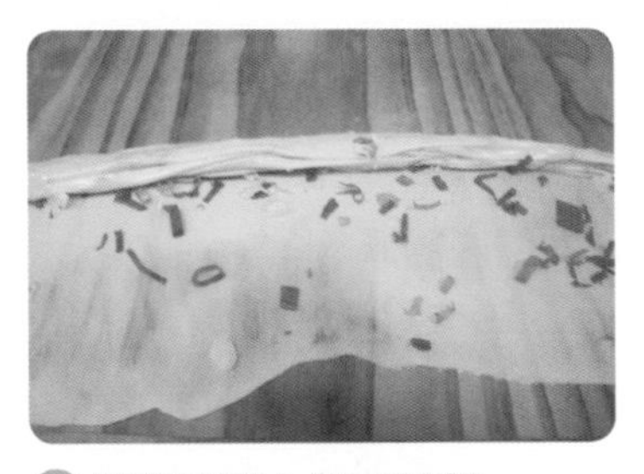

12 將麵皮從上往下捲起。

13 捲好後，從長條的左右兩頭往中間捲起。

14 再將麵團互相摺疊。

TIPS

也可以只從左邊（右邊）捲起，捲到底後，將右邊（左邊）麵皮壓平，放在餅下。

C. 煎製蔥油餅

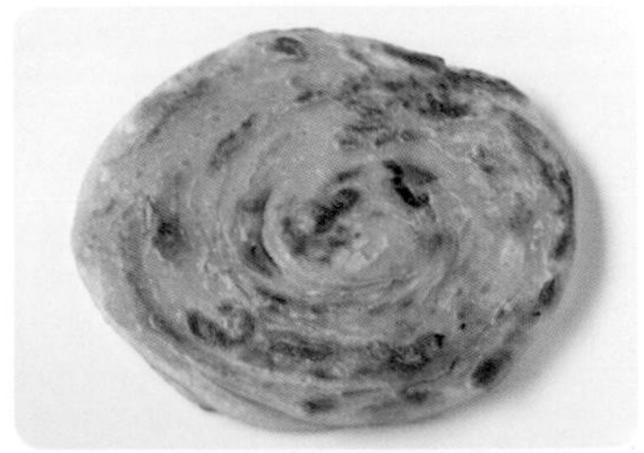

15 將做好的蔥油餅以擀麵棍壓平，鍋中放少許的油（或不放），將餅放入，煎至兩面金黃即可。

做 法

漢克老師小學堂

蔥油餅製作 Q&A

Q 蔥油餅為什麼冷掉了會硬？

A 如果麵團用冷水麵做法，煎好後必須趁熱食用，否則冷掉了就會硬；如果用食譜中的熱水先燙過麵粉，再加冷水調和，這樣做出來的蔥油餅，熱的時後酥，冷的時候 Q，冷熱都好吃！

另外，在擀皮時，桌上要抹油，千萬不能撒麵粉。因為麵皮只要一沾上粉，會吸收原麵團的水分，口感就會變硬。

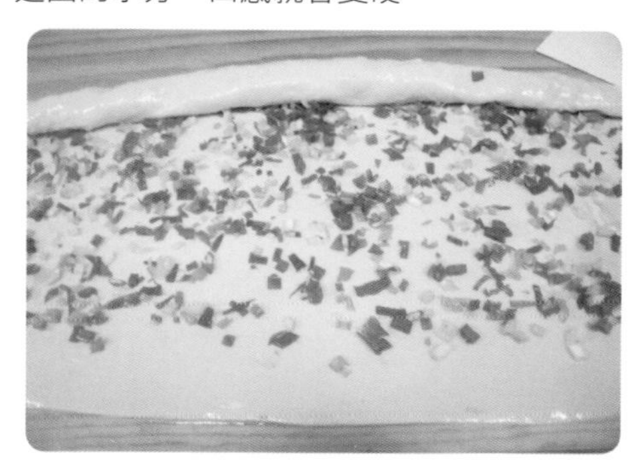

Q 蔥油餅要冷藏還是冷凍？

A 可以一次製作多塊蔥油餅，在餅與餅之間以塑膠袋或烘焙紙隔開，再放入冷凍庫冷凍。想吃時，無須退冰，隨時可以拿出來煎。

Q 蔥油餅要怎麼煎才會又酥又好吃？

A 以中大火煎，看到表面透明再翻面，待兩面呈金黃色澤後，就可以起鍋 。若煎太久，口感會變韌。

Q 麵團可以有什麼變化嗎？

A 麵團可以只用冷水方式製作，這種冷水麵做法煎好的口感酥脆也很好吃，但須熱食，冷了口感會變硬。

另外，麵皮擀開後，除了蔥花，也可以加入九層塔或香菜、起司、玉米粒、鮪魚、肉鬆等，讓蔥油餅有更多樣的樣貌呈現。

原味蛋餅

份數
9 個

材料

麵團

中筋麵粉............ 400 克

滾水.................... 200 克

冷水...................... 80 克

鹽............................ 5 克

內餡

蔥........................... 適量

蛋............................ 9 顆

做 法

A. 揉製鬆弛

1 依 P.23「成功做水調麵」的「攪拌」、「揉製」過程，做好不黏手的麵團，同時蓋上濕布或保鮮膜，至少鬆弛 20 分鐘以上。

B. 整型

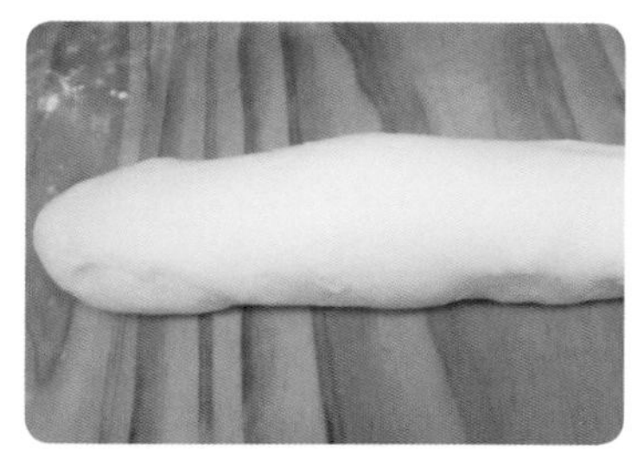

2 將鬆弛好的麵團，揉成長柱形，切成每個 70 克的小麵團，蓋上保鮮膜再鬆弛 10 分鐘（經過鬆弛的麵團較易擀開）。

3 將鬆弛好的小麵團，以擀麵棍擀成薄的餅皮。

C. 煎製

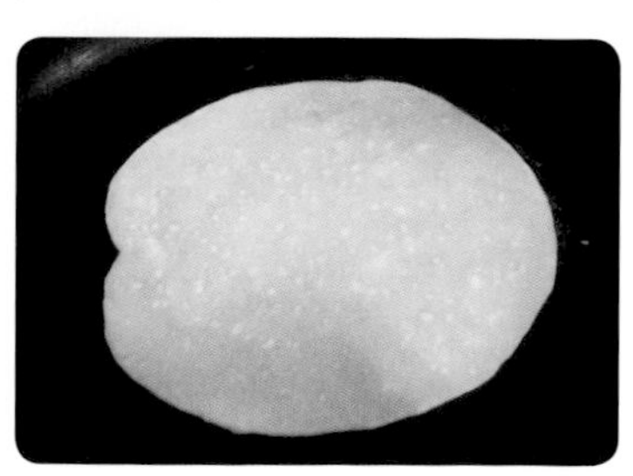

4 平底鍋中放少許的油，將餅皮放入，煎成餅皮呈現透明狀即可。

TIPS

蛋餅這樣做

鍋中加少許油，放入蔥花蛋，蓋上煎好的餅皮，煎至蛋變白凝固後，翻面再煎一下即可捲起盛盤。

豬肉餡餅

份數
15 個

材料

麵團

中筋麵粉............ 400 克
滾水.................... 100 克
冷水.................... 160 克

內餡

高麗菜豬肉餡.... 900 克

做法

A. 製作高麗菜豬肉餡

① 依 P.148「內餡大集合」之「吮指的鹹餡」製作高麗菜豬肉餡，取 900 克備用。

B. 攪拌

② 依 P.23「成功做水調麵」的「攪拌」過程，將麵團攪拌成團。

C. 鬆弛

③ 依 P.23「成功做水調麵」的「鬆弛」過程，蓋保鮮膜讓麵團鬆弛至少 30 分鐘以上（鬆弛愈久愈易擀開），時間到再揉成光滑麵團。

D. 整型

④ 將鬆弛好的麵團，揉成長條狀，切成每個 40 克的小麵團。

⑤ 將小麵團用手壓平，再用擀麵棍擀成直徑約 8 公分的麵皮。

⑥ 依包子的包法，包入 60 克的肉餡，包好後鬆弛 5 分鐘，用手略微壓平備用。

E. 煎製

⑦ 平底鍋中放入少許的油，放入餡餅（收口面先朝下），以中小火煎至兩面金黃即可。

蔥抓餅

份數 10個

麵團

- 中筋麵粉............600克
- 滾水......................240克
- 冷水......................210克
- 鹽.............................6克
- 白胡椒粉..................3克
- 蔥花......................適量
- 沙拉油....................適量

做法

A. 製作蔥花

1 將青蔥洗淨，略微晾乾後切成蔥花備用。

B. 攪拌鬆弛

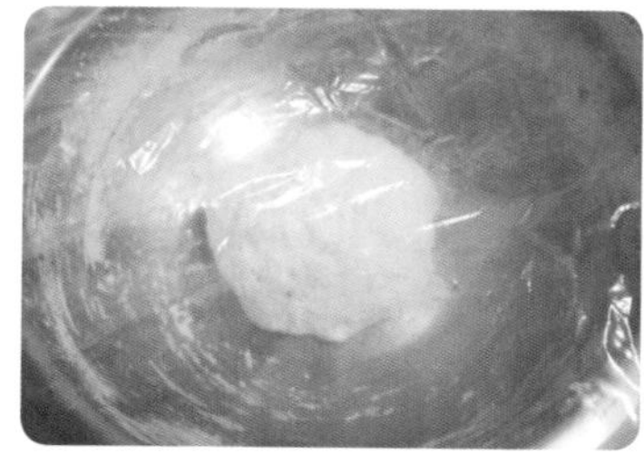

2 依 P.23「成功做水調麵」的「攪拌」、「鬆弛」過程，做好麵團，同時至少鬆弛 20 分鐘以上。

C. 整型

3 將鬆弛好的麵團，切成每個 100 克的小麵團，再鬆弛 10 分鐘（經過鬆弛的麵團較易擀開）。

4 工作檯上抹上沙拉油，用擀麵棍將小麵團擀成長方形的薄片。

5 撒上些許蔥花（蔥花無須過多）。

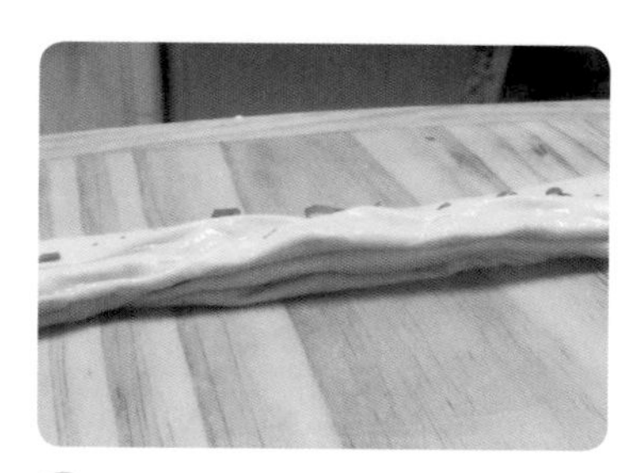

6 用折扇子的方式將薄片折疊起來。

7 將折疊好的薄片，依順手的方式滾捲起來，最後的麵皮壓扁，收到餅的底部。

D. 最後鬆弛

8 捲好的餅再鬆弛 10 ～ 20 分鐘，以利最後的擀平。

E. 煎製

9 鬆弛好的餅先用手略微壓平，再以擀麵棍擀平，鍋中放少許的油（亦可不加），將餅放入，以中火煎至兩面金黃，用手或鍋鏟由兩側將餅擠壓出層次即可。

牛肉捲餅

份數
8 個

材料

麵團

中筋麵粉............500 克
滾水......................250 克
冷水......................100 克
鹽.............................5 克

內餡

蔥..............................適量
滷牛腱.......................1 個
醬料..........................適量

做法

A. 揉製鬆弛

1 依 P.23「成功做水調麵」的「攪拌」、「揉製」過程，做好不黏手的麵團，同時蓋上濕布或保鮮膜，至少鬆弛 20 分鐘以上。

B. 整型

2 將鬆弛好的麵團，揉成長柱形，切成每個 70 克的小麵團，蓋上保鮮膜再鬆弛 10 分鐘（經過鬆弛的麵團較易擀開）。

3 將鬆弛好的小麵團，以擀麵棍擀成薄的餅皮。

C. 煎製

4 平底鍋中放少許的油，將餅皮放入，煎成餅皮呈現透明狀即可。

D. 製作捲餅

5 煮好內餡醬料，牛腱切薄片、蔥白斜片備用。

6 餅皮抹上醬料，放上蔥段、牛腱薄片，用餅皮將內餡包起即可。

TIPS

內餡醬料這樣煮！

材料：

甜麵醬............2 大匙
細砂糖............1 大匙
醬油................1 大匙
沙拉油............1 大匙
水....................2 大匙

做法：將沙拉油倒入鍋中，再倒入甜麵醬拌開，續加入細砂糖、醬油、水，煮至起泡即可。

培根千層餅

份數

2人份

材料

麵團

中筋麵粉............ 400 克

滾水.................... 100 克

冷水.................... 160 克

內餡

培根（切絲）.... 100 克

蔥花.......................... 5 支

胡椒粉.................... 適量

鹽............................ 適量

做 法

A. 揉製鬆弛

1 依 P.23「成功做水調麵」的「攪拌」、「揉製」過程至沒有粉狀成團即可，蓋上濕布或保鮮膜，鬆弛 30 分鐘。

B. 整型

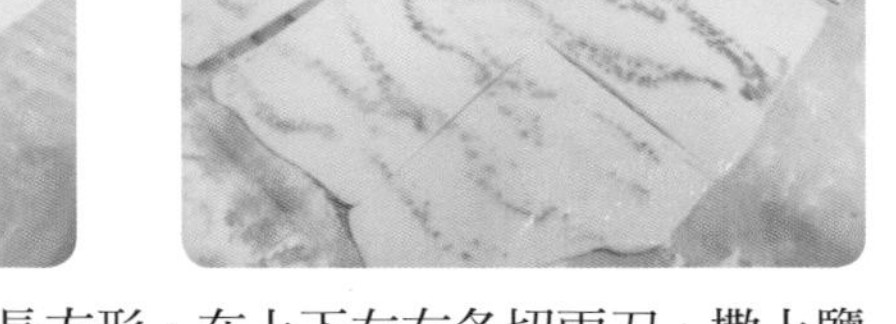

2 將鬆弛好的麵團，擀成長方形，在上下左右各切兩刀，撒上鹽及胡椒粉。

3 將內餡鋪上，再由切開的部分往中間折。

4 最後再往中間折起，成為一個方形麵團，鬆弛 10 分鐘。

C. 煎製

5 鬆弛過後，用擀麵棍擀成大正方形（約 20 X 20 公分）。

6 平底鍋中放入少許的油，將餅放入，以小火煎。

7 煎至兩面金黃即可。

宜蘭蔥餅

份數
6個

麵團

中筋麵粉............400克
滾水....................200克
冷水......................70克

內餡

蔥花....................300克
鹽....................1.5小匙
胡椒粉....................適量
香油....................2大匙
豬油.......................適量

做 法

A. 製作內餡

1 將青蔥洗淨，略微晾乾後切成蔥花，加上鹽、胡椒粉、豬油（可改為沙拉油或香油）拌勻備用。

B. 揉製鬆弛

2 依 P.23「成功做水調麵」的「攪拌」、「搓揉」過程，將麵團揉至光滑。

C. 鬆弛

3 依 P.23「成功做水調麵」的「鬆弛」過程，讓麵團鬆弛至少 30 分鐘以上（鬆弛愈久愈易擀開）。

D. 整型

4 將鬆弛好的麵團切成 6 個小麵團，再鬆弛 10 分鐘較易擀開。

5 工作檯上抹油，將鬆弛好的小麵團擀成 50 X 10 公分的長方形。

6 將步驟 1 的內餡鋪上。

7 將麵皮捲起來後，再盤起來，並將尾端壓平放在餅的底部。

8 蓋上保鮮膜，再鬆弛 20 分鐘。

E. 煎製

9 鬆弛好的餅，用手壓成約 1 公分的厚度，鍋中放入較多的油，以半煎炸的方式煎至兩面金黃即可。

韭菜盒子

份數
15 個

材料

麵團
中筋麵粉............ 400 克
滾水..................... 200 克
冷水....................... 80 克

內餡
韭菜冬粉餡........ 900 克

做 法

A. 製作內餡

1 依 P.148「內餡大集合」之「吮指的鹹餡」製作韭菜冬粉餡，並取 900 克備用。

B. 揉製鬆弛

2 依 P.23「成功做水調麵」的「攪拌」過程至沒有粉狀成團即可。蓋上濕布或保鮮膜，鬆弛 20 ～ 30 分鐘，再經過「揉製」過程，成光滑麵團。

C. 整型

3 將鬆弛好的麵團，切成每個 60 克的小麵團，滾圓後，再鬆弛 10 分鐘（經過鬆弛的麵團較易擀開）。

4 鬆弛後，將小麵團用手壓平，再用擀麵棍擀成直徑約 12 公分的麵皮。

5 取 40 克內餡放在麵皮的 1/2 處，將另一 1/2 麵皮蓋上，用手壓平黏合。

6 將底部的皮往上翻捏合，就可以折出花邊。

D. 煎製

7 鍋中放少許油，將花紋面朝下，以小火煎。

8 煎至兩面金黃即可。

蘿蔔絲餅

份數

8 個

材料

麵團

中筋麵粉............ 400 克

滾水..................... 200 克

冷水..................... 100 克

內餡

蘿蔔絲餡............ 400 克

做法

A. 製作內餡

1 依 P.148「內餡大集合」之「吮指的鹹餡」製作蘿蔔絲餡，取 400 克備用。

B. 攪拌

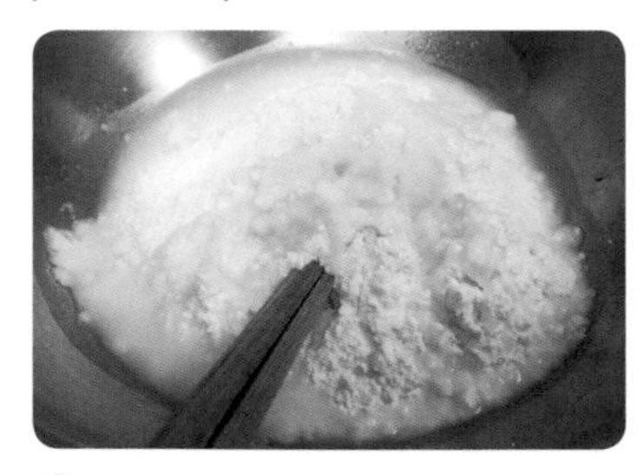

2 依 P.23「成功做水調麵」的「攪拌」過程，做好麵團，此時麵團極為濕黏，建議不要搓揉，直接抹上少許沙拉油鬆弛。

C. 鬆弛

3 依 P.23「成功做水調麵」的「鬆弛」過程，將抹上少許沙拉油的麵團，蓋上保鮮膜，鬆弛 1 ～ 2 小時。

D. 整型

4 將鬆弛好的麵團，分割成 8 個小麵團。

5 沾點手粉，將小麵團以手掌壓開，包入 50 克餡料。

6 包好後，收口朝下，用手掌再壓成約 1 公分高左右的厚度。

E. 煎製

7 平底鍋放入少許的油，將餅放入，以中小火煎製。

8 煎至兩面金黃即可。

蔥花小肉餅

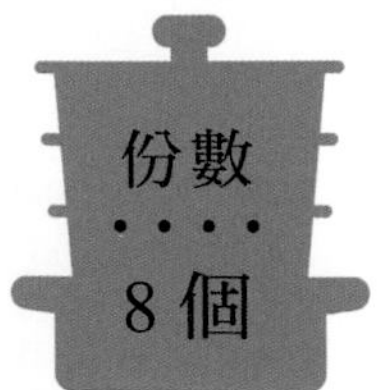

材料

麵團

中筋麵粉............ 400 克
滾水..................... 100 克
冷水..................... 160 克

內餡

基本肉餡............ 200 克
蔥花......................... 5 根

做法

A. 製作內餡

1 依 P.148「內餡大集合」之「吮指的鹹餡」製作基本肉餡，取 200 克與蔥花拌勻備用。

B. 攪拌鬆弛

2 依 P.23「成功做水調麵」的「攪拌」過程，此時麵團很濕黏，無須過度搓揉，成團即可。蓋保鮮膜讓麵團「鬆弛」至少 30 分鐘以上，時間到再揉成光滑麵團。

C. 整型

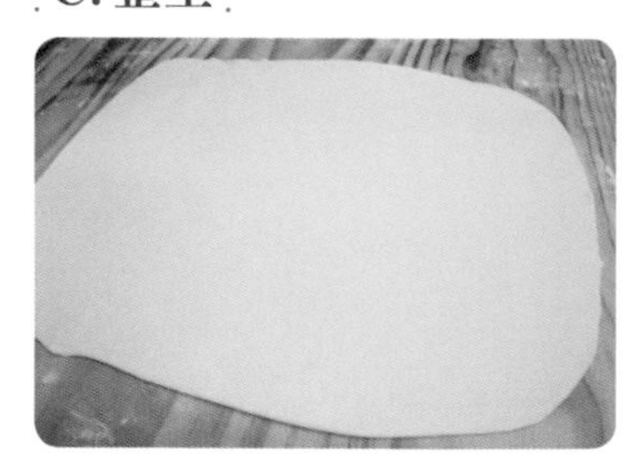

3 將鬆弛好的麵團，擀成一大張麵皮。

4 在麵皮上，約每 4 ～ 5 公分切一刀，頭尾都要切斷。鋪上肉餡，由上往下捲起。

5 將捲好肉餡的麵團立起來，用手從中間壓扁，鬆弛 20 分鐘。

D. 煎製

6 鍋中放少許油，以中小火煎至兩面金黃即可。

相思紅豆餅

份數
8 個

材料

麵團
中筋麵粉............ 400 克
滾水..................... 160 克
冷水..................... 100 克

內餡
紅豆沙................ 280 克

做 法

A. 製作紅豆餡

1 依 P.146「內餡大集合」之「銷魂的甜餡」製作紅豆餡，並取 280 克備用。

B. 攪拌鬆弛

2 依 P.23「成功做水調麵」的「攪拌」過程，將麵團攪拌成光滑麵團後，再蓋保鮮膜讓麵團「鬆弛」至少 20 ～ 30 分鐘。

C. 整型

3 將鬆弛好的麵團，揉成長條狀，平分為 7 等份，紅豆沙則每 40 克揉成圓備用。

4 將小麵團略微揉圓，用手壓扁，放入一顆紅豆沙，將麵團放在手的虎口上，慢慢壓緊實。

5 包好內餡的麵團，蓋上保鮮膜或是塑膠袋，再鬆弛 15 ～ 20 分鐘。

6 將鬆弛好的麵團壓平，用擀麵棍擀成直徑約 12 公分的圓餅。

D. 煎製

7 平底鍋內放少許的油，將餅放入，煎至兩面呈金黃色澤即可。

塔香蔥餅

份數
8 個

麵團

中筋麵粉............ 400 克
滾水.................... 100 克
冷水.................... 180 克
鹽........................... 8 克
胡椒粉..................... 3 克
細砂糖..................... 5 克

內餡

蔥花......................... 5 根
九層塔................ 100 克
起司.................... 200 克

做 法

A. 前置作業

1 蔥和九層塔洗淨略微晾乾，切末拌勻備用。

B. 攪拌鬆弛

2 依 P.23「成功做水調麵」的「攪拌」過程，此時麵團很濕黏，無須過度搓揉，成團即可。蓋保鮮膜讓麵團「鬆弛」至少 30 分鐘以上，時間到再揉成光滑麵團。

C. 整型

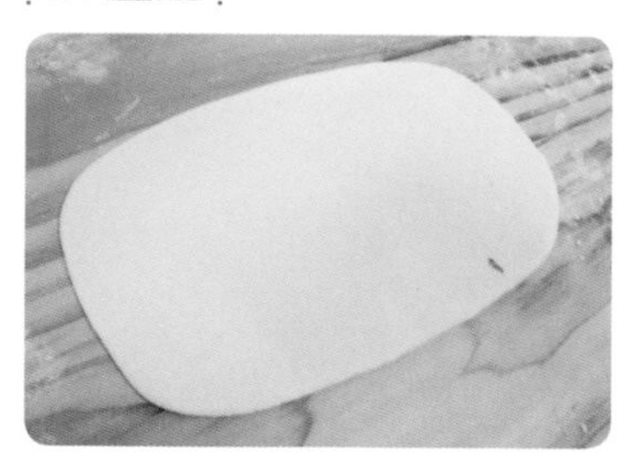

3 將鬆弛好的麵團，揉成長條狀，切成每個 70 克的小麵團，將小麵團略微滾圓後，用手壓扁，擀成長方形麵皮。

4 在長方形麵皮，鋪上九層塔蔥花餡，再鋪上起司，對折再對折。

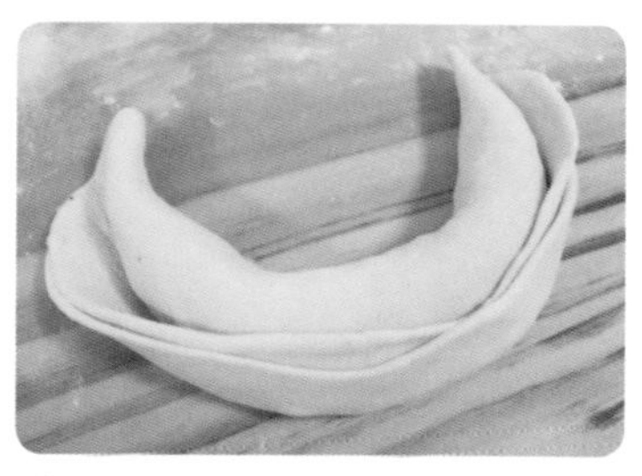

5 將包好內餡的麵團立起來。

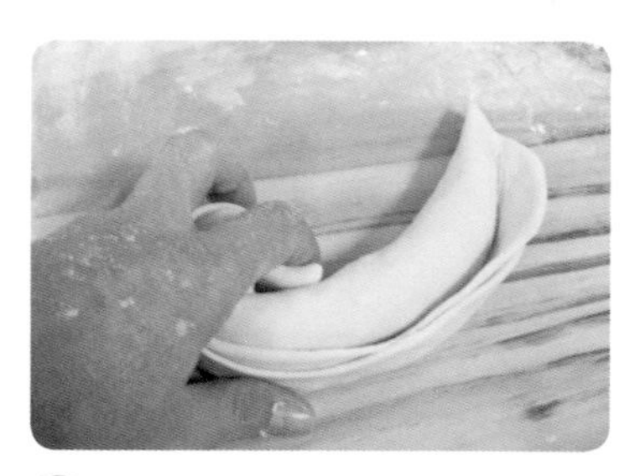

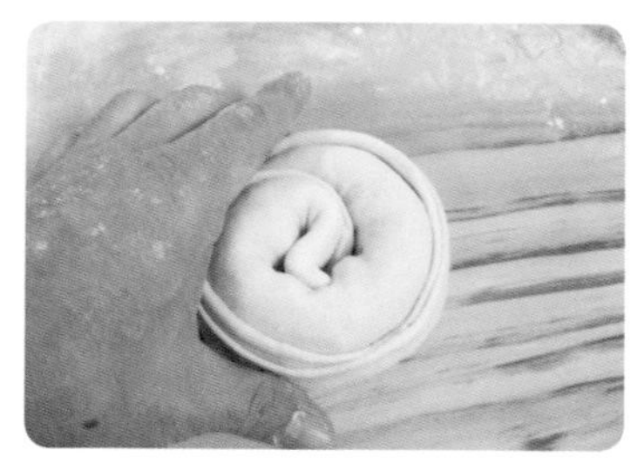

6 將麵團由一端向內轉，慢慢捲起，再將另一端也往內轉，尾部沾點水，壓在餅的底部，再鬆弛 10 ～ 20 分鐘。

D. 煎製

7 鍋中放少許油，以中小火煎至兩面金黃即可。

紅豆烙餅

份數
10個

材料

麵團
中筋麵粉............120克
老麵....................600克
細砂糖..................40克
鹼水......................適量

內餡
紅豆沙................350克

做法

A. 製作紅豆餡

1 依 P.146「內餡大集合」之「銷魂的甜餡」製作紅豆餡，並將紅豆餡分成每 35 克一顆備用。

B. 製作鹼水

2 鹼粉跟滾水以 1:4 調製成鹼水備用。

C. 攪拌揉製

3 將麵團的所有材料放入缸盆中。依 P.12「成功做饅頭包子」的「攪拌」、「揉製」過程，將材料攪拌均勻後，揉成光滑麵團。

D. 整型

4 將揉成光滑的麵團分成 10 等份。

5 麵團略微拍扁，放入 35 克的紅豆沙。

6 將紅豆沙完全包住，捏緊後，收口朝下。

E. 最後發酵

7 將包好內餡的餅略微壓平，放在烤盤上做最後發酵約 40 分鐘。在最後 20 分鐘將烤箱預熱至上火 220℃、下火 190℃。

F. 烘烤

8 最後發酵完成後，將烤盤放入烤箱，並在餅上壓上一個相同大小的烤盤，烘烤約 12 ~ 15 分鐘即可。

TIPS

在餅上壓上烤盤的目的，是為了讓上色較平均，且無須翻面。

發麵燒餅

份數
10個

材料

麵團
中筋麵粉 400 克
老麵........ 150 克
速溶酵母.... 4 克
細砂糖...... 45 克
水........... 168 克

內餡
蔥........... 100 克
鹽............ 10 克
胡椒粉........ 3 克
沙拉油...... 適量

表面材料
白砂糖...... 10 克
冷水.......... 50 克
白芝麻....... 適量

做 法

A. 製作老麵

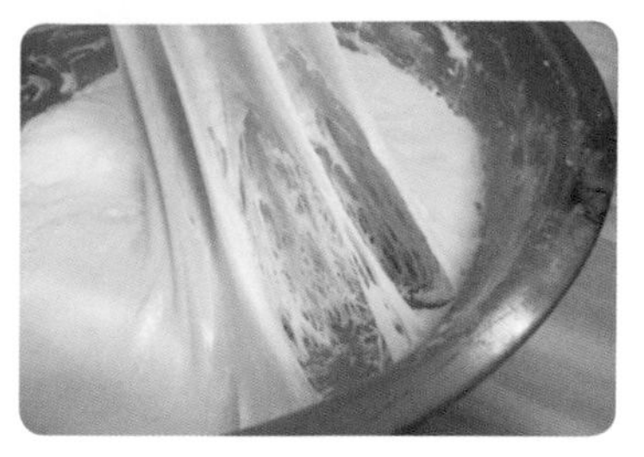

1 依 P.20「老麵這樣做」，製作老麵備用。

B. 攪拌揉製

2 將麵團的所有材料放入缸盆中。

3 依 P.12「成功做饅頭包子」的「攪拌」、「揉製」過程，將材料攪拌均勻後，揉成光滑麵團。

C. 整型

4 依 P.12「成功做饅頭包子」的「整型」過程，將麵團完成三次的擀壓過程，並將麵團擀成長方形。

5 擀成長方形的麵皮上抹上沙拉油，撒上鹽、胡椒粉，鋪上蔥花。

6 將鋪上內餡的長方形麵皮折成三折。

7 折成三折的麵皮每 5 公分斜切一刀。

D. 烤前表面裝飾

8 將白砂糖跟冷水拌至融化，刷在餅皮上，沾滿白芝麻後靜置約 30 分鐘。約 20 分鐘後預熱烤箱至 180℃。

E. 烘烤

9 靜置時間到，將餅送入烤箱，烘烤約 25 分鐘即可出爐。

蟹殼黃

份數
12 個

材料

油皮
中筋麵粉 200 克
速溶酵母....1 克
水............100 克
細砂糖......20 克
豬油..........60 克

油酥
低筋麵粉 127 克
豬油..........65 克

內餡
蔥花........380 克
白胡椒粉....2 克
鹽................8 克
細砂糖........6 克
香油..........10 克
豬板油......45 克

表面沾料
白芝麻.......適量
白砂糖......10 克
冷水..........50 克

做法

A. 製作內餡

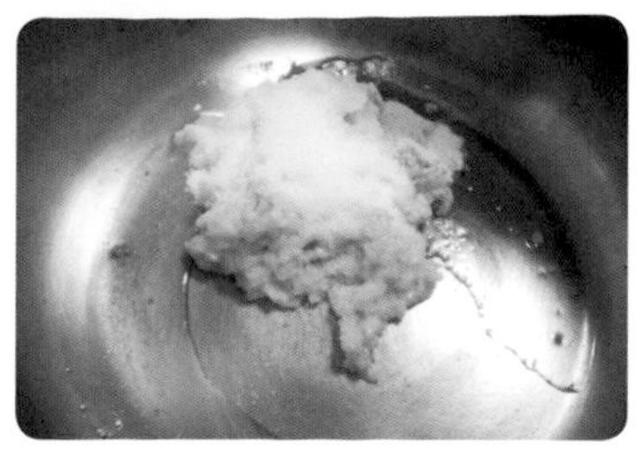

1 將豬板油剁碎，加入調味料拌勻。

2 加入蔥花拌勻。

B. 油酥麵團

3 將油酥材料放入盆中，攪拌均勻揉成光滑麵團。

C. 油皮麵團

4 將油皮材料放入盆中，拌勻成團即可。不要揉過久以免過軟不好包。

D. 整型

5 將完成的油皮及油酥麵團分別搓揉成長條狀，油皮切成每個 30 克的小麵團，油酥切成每個 15 克的小麵團。

6 將油皮小麵團略微滾圓後壓平，將油酥小麵團放在油皮麵皮上。

7 油皮麵皮將油酥小麵團包起，要包緊以免烘烤時爆餡。

做法

8 將包好的麵團接口朝下，用手略微壓平備用。

9 壓平的麵團用擀麵棍擀成長橢圓形。

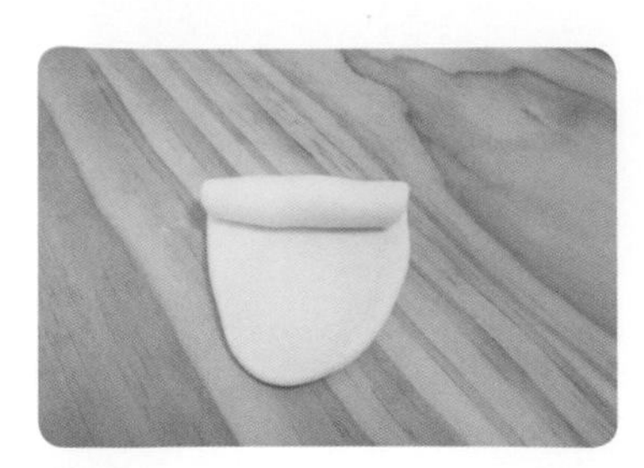

10 擀成長橢圓形後，用手推捲起來，完成所有的油皮油酥麵團備用。

11 捲起的麵團接口朝上，將麵團打直。

12 將麵團再擀成長橢圓形，再由上往下捲起，完成所有的麵團備用。

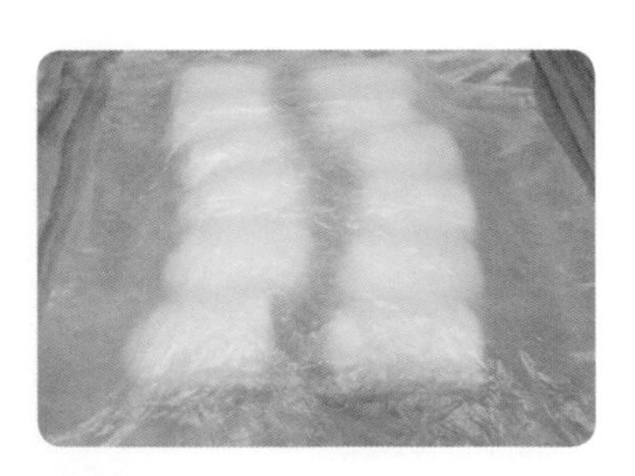

13 擀好後，蓋保鮮膜或濕布，讓麵團醒 15 ～ 20 分鐘。

14 麵團醒好後，將頭尾捏在一起，用手掌略微壓平。

做法

E. 包餡

15 再以擀麵棍擀成圓麵皮備用。

16 放入適量的內餡，用手直接將麵皮往上推，慢慢地將內餡完全包住，收口再捏緊，收口朝下。

F. 烤前表面裝飾

17 包好內餡後，將白 砂糖跟冷水拌至融化，將餅沾上糖水，再沾上白芝麻，置於烤盤上。

G. 烘烤

18 預熱烤箱至 200° C，將烤盤放入烤箱烘烤 25 分鐘。

漢克老師小學堂

關於油皮油酥

油皮跟油酥的比例搭配是否恰當，直接影響成品的品質與口感，兩者比例分配很重要，油酥太多，油皮包油酥時不易黏合，容易造成破酥、漏餡；油皮太多，則表皮會變硬、層次不分明、酥脆性不佳。

不同產品，油皮與油酥兩者的搭配比例都會略有不同，「糖油麵，隨手變」就是這個含義。食譜所提供的配方都僅供參考，製作時根據產品特性而變化是必要的，製作時要注意以下幾個重點，希望大家都能做好這類的產品。

1 包油酥要均勻　2 收口皮不能太厚　3 擀捲力道要輕　4 厚薄要均一

5 鬆弛要蓋保鮮膜防止乾皮　6 少用手粉　7 擀捲跟包餡前要適當的鬆弛。

胡椒餅

份數 12個

材料

油皮
中筋麵粉...242 克
速溶酵母.......3 克
水..............133 克
細砂糖.........18 克
豬油............12 克

油酥
低筋麵粉...135 克
豬油............65 克

內餡
黑胡椒肉餡360 克
蔥花...........60 克

表面沾料
白芝麻..........適量
白砂糖.........10 克
冷水............50 克

做法

A. 製作內餡

1 依 P.148「內餡大集合」之「吮指的鹹餡」製作黑胡椒肉餡，取 360 克備用。

2 將蔥洗淨，晾乾後，將蔥切末備用。

B. 製作油皮油酥麵皮

3 依 P.136 蟹殼黃的步驟 3 ～ 15，擀成圓麵皮備用。

11 將擀好的麵皮翻面，放上 30 克黑胡椒肉餡，再抓入一包蔥花，以包包子的方式，將肉餡與蔥花包好，收口朝下擺放。

C. 烤前裝飾

12 將白砂糖加水拌至融化，將包好的餅光滑表面沾水，再沾上白芝麻，放入烤盤中，靜置約 20 ～ 30 分鐘。約靜置 10 ～ 15 分鐘後預熱烤箱至 200℃。

D. 烘烤

13 靜置時間到，將餅送入烤箱，烘烤約 25 分鐘即可出爐。

蘿蔔絲酥餅

油皮

- 中筋麵粉 200 克
- 滾水......... 90 克
- 冷水.......... 20 克
- 豬油.......... 30 克

油酥

- 低筋麵粉.....140 克
- 豬油.............. 70 克

內餡

- 蘿蔔絲豬肉餡 300 克

表面沾料

- 白芝麻....... 適量
- 白砂糖...... 10 克
- 冷水.......... 50 克

做法

A. 製作內餡

1 依 P.148「內餡大集合」之「吮指的鹹餡」製作蘿蔔絲豬肉餡，取 300 克備用。

B. 製作油皮油酥麵皮

2 依 P.136 蟹殼黃的步驟 3 ～ 15，製作油皮油酥麵團，再經過二次擀捲，擀成圓麵皮備用。

C. 整型

3 將擀好的麵皮翻面，放上蘿蔔絲豬肉餡，以包包子的方式，將內餡包好，收口朝下擺放。

D. 烤前裝飾

4 將白砂糖加水拌至融化，將包好的餅光滑表面沾水。

E. 烘烤

5 表面沾水的麵團，再沾上白芝麻。

6 將沾好白芝麻的麵團放入烤盤中，待烤箱預熱至 200 ℃，送入烤箱烘烤 25 分鐘即可出爐。

份數
12個

材料

油皮
- 中筋麵粉............ 250 克
- 糖粉...................... 25 克
- 溫水.................... 125 克
- 沙拉油.................. 60 克

油酥
- 低筋麵粉............ 160 克
- 沙拉油.................. 56 克

內餡
- 芝麻麥芽餡........ 458 克

做 法

A. 製作芝麻麥芽餡

1 依 P.146「內餡大集合」之「銷魂的甜餡」製作芝麻麥芽餡，並均分為 12 顆備用。

B. 製作油皮油酥麵團

2 依 P.136 蟹殼黃的步驟 3 ～ 15，製作油皮油酥麵團，再經過二次擀捲，擀成圓麵皮備用。

C. 整型

13 將擀好的麵皮翻面，放上芝麻麥芽餡。

14 內餡包好後滾圓，再擀成長橢圓形，置於烤盤上。

D. 烘烤

15 將烤箱預熱至 200℃，將烤盤送入烤箱，烘烤約 10 分鐘後將餅翻面，再壓個烤盤在餅上繼續烘烤 10 ～ 15 分鐘，烤至餅呈金黃色澤即可出爐。

PART4 內餡大集合

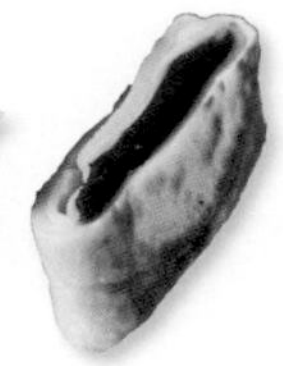

餡料是讓麵食點心的美味更上層樓的祕訣，
利用天然食材的蔬菜、肉類、豆類等製成的餡料，
鹹甜葷素不拘、五味紛陳，配合麵團特質，佐以蒸、煎、烤、烙，
嗯～這滋味，讓人意猶未盡！

◆ 銷魂的甜餡

無論是單純以巧克力來製作內餡，或是炒過的芝麻、熬煮香甜的紅豆泥與芋頭泥，都能與麵餅香氣融合，趁熱吃，那誘人的糖香氣更是讓人愛不釋口。

紅豆餡

材料

紅豆……………………600 克
二砂糖…………………100 克
無鹽奶油………………100 克

做法

1 將紅豆洗淨後，用 10 人份電鍋的內鍋水裝到 8 分滿。

2 電鍋倒進 900 克的冷水，用架子架高。否則內鍋放入時，水會跑入內鍋裡。按下開關開始煮。

3 當開關跳起來，紅豆就熟爛了。

4 用湯匙、飯匙或攪拌機攪成泥狀。

5 加入砂糖跟奶油炒至乾爽，拿起一些紅豆泥可以揉成圓而不黏手就好了。

6 炒好的紅豆泥要立刻取出，不能放在鍋裡，否則紅豆泥會變得乾硬。

芋泥餡

材料

芋頭.................... 1200 克
二砂糖.................. 100 克
無鹽奶油................ 50 克
水...................... 200 克

做法

1 將芋頭去皮切塊，置於碗中備用。

2 電鍋裡放約 200 克的水，放上底架，將放有芋頭的碗置於上頭，按下開關煮至跳起來即可。

3 蒸好的芋頭用湯匙或飯匙壓成泥（也可以用攪拌機）備用。

4 將芋泥、砂糖跟無鹽奶油放入鍋裡，以中火炒至不黏手即可。

奶酥餡

材料

奶粉.......... 130 克　　鹽.................. 1 克
無鹽奶油... 130 克　　沙拉油......... 15 克
糖粉.......... 105 克

做法

將所有材料放入盆中，攪拌均勻即可。

註：放在冰箱冷藏，略微固化較好操作。

芝麻麥芽餡

材料

糖粉.......... 150 克　　水麥芽糖..... 75 克
芝麻粉......... 20 克　　鹽.................. 3 克
低筋麵粉... 125 克　　水................ 40 克
太白粉......... 25 克　　沙拉油......... 20 克

做法

將低筋麵粉放入烤盤中，以烤箱 150℃烘烤 7 ～ 8 分鐘成為熟麵粉，再與其他材料拌勻即可。

◆ 吮指的鹹餡

熱騰騰的麵食出爐，一口咬下，滿口的鮮美肉餡，決定了美味的瞬間。不論是濃郁不膩的高麗菜豬肉餡、讓人意猶未盡的韭菜冬粉餡……，熱騰騰的那一口，療癒了飢餓的那個胃。

基本肉餡

材料

豬絞肉..........600 克（肥瘦比 3:7）	砂糖................10 克
薑泥................40 克	胡椒粉...........10 克
醬油................30 克	香油................15 克（可省）
鹽....................10 克	冷水................60 克

TIPS

做包子內餡的基本肉餡不能打太多的水，也不能用太多肥肉，否則內餡容易出水讓包子濕爛、容易皺縮。
完成基本的肉餡後，可以加入其他如蔥、高麗菜或韭菜拌勻，就可以變化不同口味。

做法

1. 將肉餡所有材料（除香油外），放入盆中。
2. 用手或筷子攪至黏稠即可，再加上香油拌勻。

酸菜餡

材料

酸菜...........250 克	砂糖............10 克
麵輪.............50 克	醬油............10 克
紅辣椒...........2 根	胡椒粉...........5 克
薑末...........1 大匙	香油............10 克

做法

1. 將酸菜切絲，用滾水略微汆燙後擠乾。
2. 麵輪泡軟後，擠乾水分切丁，放入炒鍋中以中火將水分炒乾。
3. 炒鍋中將麵輪中間清開，加入 1 大匙的沙拉油，再放入薑末炒香。
4. 將所有調味料、辣椒放入，炒至沒有水分即可盛起放涼備用。

咖哩肉餡

材料

- 咖哩粉……10 克
- 基本肉餡…200 克
- 蔥花……3 根
- 洋蔥……100 克
- 花椒粉……3 克
- 黑胡椒粉……2 克
- 玉米粉……10 克

做法

1. 洋蔥切丁備用。
2. 將所有材料放入盆中，攪拌均勻。

叉燒豬肉餡

材料

A.
- 水……100 克
- 細砂糖……28 克
- 醬油……12 克
- 玉米澱粉……8 克
- 樹薯澱粉…… 8 克
- 鹽……1 克
- 沙拉油……12 克

B.
- 叉燒肉……160 克

做法

1. 叉燒肉切丁備用。
2. 材料 A 混合均勻後，以小火煮至膠亮。
3. 倒入步驟 1 的叉燒丁拌勻，放涼備用。

玉米蔥花肉餡

材料

- 基本肉餡……200 克
- 玉米粒……100 克
- 蔥花……50 克

做法

將基本肉餡與蔥花、玉米粒拌勻即可。

黑胡椒肉餡

材料

基本肉餡................ 300 克
黑胡椒粉.................. 15 克
五香粉........................ 5 克

做法

將基本肉餡加入黑胡椒粉、五香粉拌勻。

雪菜素餡

材料

雪裡紅.......300 克	鹽.................適量
豆干...............6 片	細砂糖.........10 克
薑..............1 小截	胡椒粉...........3 克
紅辣椒..........1 支	香油............15 克

做法

1 將 600 克的小芥菜加 2 小匙的鹽，略微搓揉再上下左右翻一翻，讓所有芥菜都碰到鹽。醃 20 分鐘後，就成了雪裡紅。

2 將雪裡紅以水清洗，把鹽味洗淡，擠乾後切碎備用，豆干切丁備用，薑及紅辣椒切末。

3 鍋裡放一大匙的油，先將薑末爆香，再放入雪裡紅拌炒一下。再加入糖、胡椒粉、鹽拌勻，再放入豆干及紅辣椒末，拌炒約一分鐘，起鍋前淋上香油後，放涼備用。（鹹淡可自行調味）

榨菜肉絲餡

材料

基本肉餡................ 150 克
榨菜........................ 150 克
蔥................................ 3 支

做法

1 將榨菜切細、蔥切成蔥花備用。

2 基本肉餡加入榨菜絲及蔥花拌勻備用。

梅乾菜肉餡

材料

絞肉……150 克	鹽……3 克
梅乾菜……150 克	胡椒粉……3 克
薑末……20 克	香油……10 克
醬油……10 克	

做法

1. 將梅乾菜切末備用。
2. 鍋中放少許的油，加入薑末爆香後，放入絞肉炒至肉翻白，再加入梅乾菜炒香再加入醬油、鹽、胡椒粉、香油炒拌均勻，盛起放涼備用。

五香豬肉餡

基本肉餡……250 克
黑胡椒粉……3 克
五香粉……1 克
花椒粉……2 克

做法

將基本肉餡加上黑胡椒粉、五香粉、花椒粉拌勻即可。

湯包肉餡

基本肉餡……200 克
皮凍……100 克
蔥花……50 克

做法

1. 皮凍做好（做法見 P.152），取 100 克備用。
2. 將皮凍切碎，與基本肉餡、蔥花攪拌均勻即可。

漢克老師小學堂

皮凍這樣做！

材料

豬皮............................ 1 斤
蔥................................ 2 支
薑片............................ 5 片
米酒 .... 2 大匙
水........................ 1500 克

做法

❶ 將豬皮洗乾淨。煮一鍋水，加上蔥段、薑片、米酒，再放上豬皮，煮約 3 分鐘取出。

❷ 用刀子將豬皮的肥肉刮除，清洗乾淨。

❸ 將豬皮切成 3 公分寬的長條，加入 300 克的冷水，放入果汁機中，打到有白色泡沫出來即可。

❹ 將 1500 克的水倒入鍋中，煮開後倒入打碎的豬皮，以中火煮 3 ～ 5 分鐘取出過濾。

❺ 過濾完的汁，放冷藏約 2 ～ 3 個小時即成皮凍。冷凍可存放一個月，用時先加熱煮化，再讓它自行凝結才能使用。

高麗菜豬肉餡

材料

材料 1（豬肉餡餅用）	材料 2（菠菜水餃用）
基本肉餡.........200 克	基本肉餡.........300 克
高麗菜............200 克	高麗菜............150 克
蔥花....................5 根	蔥花..................50 克

做法

1. 高麗菜切成末。蔥洗淨後，略微晾乾，切成蔥花備用。
2. 基本肉餡加入高麗菜末、蔥花拌勻即可。

蘿蔔絲豬肉餡（胡蘿蔔水餃）

材料

擠乾蘿蔔絲...200 克
絞肉..............100 克
芹菜................20 克
蔥花................30 克
鹽......................5 克
白胡椒粉..........2 克
香油................10 克

做法

1. 白蘿蔔去皮刨絲加入 1 小匙鹽，醃至出水後擠乾。芹菜切末、蔥切成蔥花備用。
2. 將內餡所有材料，全部攪拌均勻備用。

韭菜肉餡

材料

絞肉...........300 克
韭菜...........300 克
蔥花............80 克
薑泥............20 克
鹽..................5 克
胡椒粉...........3 克
香油............10 克
糖................10 克
醬油............20 克

做法

1. 韭菜洗淨切末，蔥洗淨略微晾乾，切成蔥花備用。
2. 絞肉加上鹽、醬油、胡椒粉、糖、香油、薑泥拌至黏稠，要包時再加入蔥花及韭菜末拌勻即可。

蘿蔔絲餡

材料

白蘿蔔..........1 條（約 600 克）	蔥...................3 根
蝦米..............5 克	鹽.................10 克
芹菜末.........50 克	胡椒粉...........3 克
	香油.............10 克

做法

1. 白蘿蔔去皮刨絲加入 1 小匙鹽，醃至出水後擠乾。芹菜切末、蔥切成末備用。 鍋中放適量的油，先爆香蝦米後，放入擠乾的蘿蔔絲，炒出蘿蔔香味。
2. 續加入芹菜末、蔥末，再加入鹽、胡椒粉、香油調味即可。

蘿蔔絲豬肉餡 （蘿蔔酥餅）

材料

擠乾蘿蔔絲...200 克	白胡椒粉...........2 克
豬絞肉...........100 克	鹽.......................8 克
蔥花................20 克	細砂糖............10 克
芹菜末............30 克	香油................10 克
蝦米................10 克	

做法

1. 白蘿蔔去皮刨絲加入 1 小匙鹽，醃至出水後擠乾。芹菜切末、蔥切成蔥花備用。
2. 鍋中加入 1 大匙沙拉油，將蝦米加入爆香，再加入絞肉炒至翻白，續加入蘿蔔絲及其他內餡，炒至香味出來即可，放涼備用。

玉米肉餡

材料

基本肉餡...............300 克
玉米粒...................150 克
蔥末.........................50 克

做法

1. 蔥洗淨後，略微晾乾，切末備用。
2. 基本肉餡加上玉米粒、蔥花，攪拌均勻，放入冰箱冷藏。

韭菜冬粉餡

材料

冬粉..............2 小捆
韭菜..............300 克
雞蛋..................5 個
蝦.....................50 克
豆干..................6 塊
醬油............1/2 大匙
白胡椒粉.......1 小匙
細砂糖...........1 小匙
鹽...................2 小匙
麻油............1/2 大匙

做法

1 冬粉泡水泡軟後切末、韭菜、豆干切末、蝦皮泡水瀝乾、蛋打散備用。鍋中放少許油，將蛋放入快速炒碎炒熟盛起。

2 蝦皮放入鍋中炒過，加入韭菜、冬粉、豆干略炒，再放入蛋，然而加入所有的調味料，拌勻備用。

高麗菜冬粉肉餡

材料

基本肉餡...150 克
高麗菜末...100 克
蔥花............50 克
胡蘿蔔.........50 克
冬粉...............1 捆
鹽...............1 小匙

做法

1 高麗菜、胡蘿蔔切細末，冬粉切細備用。

2 切成細末的高麗菜、胡蘿蔔放入盆中，加上 1 小匙的鹽拌勻，醃製 5 ～ 10 分鐘後擠乾水分。

3 加入切細的冬粉、鹽、胡椒粉及香油拌勻。

芹菜蔥花肉餡

材料

基本肉餡...............300 克
芹菜末......................50 克
蔥花..........................50 克
洋蔥末......................50 克

做法

1 芹菜、蔥及洋蔥都切成末備用。

2 基本肉餡放在盆中，加上蔥花、洋蔥末、芹菜末攪拌均勻，放入冰箱冷藏

Cook 50172

零失敗花樣中式麵點

50款必學的饅頭、包子與蔥油餅、燒餅！

作者　漢克老師
攝影　徐榕志
美術設計　許維玲
編輯　劉曉甄
行銷　石欣平
企畫統籌　李橘
總編輯　莫少閒
出版者　朱雀文化事業有限公司
地址　台北市基隆路二段 13-1 號 3 樓
電話　02-2345-3868
傳真　02-2345-3828
劃撥帳號　19234566 朱雀文化事業有限公司
e-mail　redbook@ms26.hinet.net
網址　http://redbook.com.tw
總經銷　大和書報圖書服份有限公司 (02)8990-2588
ISBN　978-986-96214-1-0
初版二刷　2019.12
定價　380 元
出版登記　北市業字第 1403 號

國家圖書館出版品預行編目 (CIP) 資料

零失敗花樣中式麵點：
50 款必學的饅頭、包子與蔥油餅、燒餅
漢克老師 著
-- 初版 . --
臺北市：朱雀文化 , 2018.04
面；　公分 -- (Cook ; 172)
ISBN 978-986-96214-1-0 (平裝)

1. 點心食譜 2. 麵食食譜 3. 中國
427.16　　106010572